1 正の数・負の数

ここ大事!

★ 正の数… 0より大きい数で、正の符号（＋）を〜

★ 負の数… 0より小さい数で、負の符号（－）をつけて表す。

整数

……、－3、－2、－1、 0、 1、 2、 3、……

負の整数　　　　　　　　正の整数（自然数）

正の整数を自然数というよ。

❶ 次の数を、正の符号、負の符号をつけて表しましょう。

やってみよう

(1) 0より4大きい数

〔　　　　　　〕

(2) 0より9小さい数

〔　　　　　　〕

(3) 0より2.5大きい数

〔　　　　　　〕

(4) 0より6.7小さい数

〔　　　　　　〕

❷ 次の問いに答えましょう。

(1) 800円の収入を＋800円と表すことにすると、300円の支出はどのように表されますか。

〔　　　　　　〕

(2) 東へ5km進むことを＋5kmと表すことにすると、西へ7km進むことはどのように表されますか。

〔　　　　　　〕

(3) 「6cm短い」を、「長い」ということばを使って表しましょう。

〔　　　　　　〕

(4) 「－10kg重い」を、「軽い」ということばを使って表しましょう。

〔　　　　　　〕

何問できた？　8問中　　　問

2 絶対値と数の大小

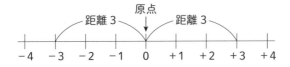

月　日

ここ大事！

★ **絶対値**… 数直線上で、ある数に対応する点と原点との距離

原点

距離3　　距離3

```
─┼──┼──┼──┼──┼──┼──┼──┼──
-4  -3  -2  -1   0  +1  +2  +3  +4
```

+3の絶対値は3、
−3の絶対値も3だ。

★ **数の大小**

● 負の数＜0＜正の数

● 正の数➡絶対値が大きいほど大きい。

　　負の数➡絶対値が大きいほど小さい。

---

1 次の数の絶対値を答えましょう。

やってみよう

(1)　+6　　　〔　　　　　〕　　(2)　−3　　　〔　　　　　〕

(3)　+8.5　　〔　　　　　〕　　(4)　$-\dfrac{1}{5}$　〔　　　　　〕

2 次の数をすべて答えましょう。

(1)　絶対値が4である数　　　　(2)　絶対値が10である数

　　　　〔　　　　　〕　　　　　　　　〔　　　　　〕

3 次の各組の数の大小を、不等号を使って表しましょう。

(1)　+3、−8　　　　　　　　(2)　−15、−9

　　　　〔　　　　　〕　　　　　　　　〔　　　　　〕

(3)　−7、+5、0　　　　　　　〔　　　　　〕

何問できた？　9問中　　問

3 加法

月　日

★ **同符号の2つの数の和**…絶対値の和に共通の符号をつける。

例　$(-5)+(-3)=-(5+3)=-8$

共通の符号
絶対値の和

★ **異符号の2つの数の和**…絶対値の差に絶対値の大きいほうの符号をつける。

例　$(+2)+(-6)=-(6-2)=-4$

絶対値の大きいほうの符号
絶対値の差

★ **3つ以上の数の和**

例　$(+4)+\underline{(-7)}+\underline{(+8)}+(-2)$
　$=(+4)+\underline{(+8)}+\underline{(-7)}+(-2)$　加法の交換法則
　$=\{(+4)+(+8)\}+\{(-7)+(-2)\}$　加法の結合法則
　$=(+12)+(-9)=+3$

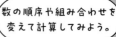

数の順序や組み合わせを変えて計算してみよう。

---

1 次の計算をしましょう。

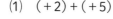

(1)　$(+2)+(+5)$　　　(2)　$(-9)+(-6)$　　　(3)　$(+8)+(-14)$

〔　　　〕　　　　　〔　　　〕　　　　　〔　　　〕

(4)　$(-7)+(+7)$　　　(5)　$(-5)+(-5)$　　　(6)　$0+(-12)$

〔　　　〕　　　　　〔　　　〕　　　　　〔　　　〕

(7)　$(-10)+(+4)+(-5)$　　　　(8)　$(+9)+(-8)+(+11)+(-20)$

〔　　　〕　　　　　　　　　〔　　　〕

何問できた？　8問中　　問

4 減法

月　日

ここ
大事!

★ 正負の数の減法… ひく数の符号を変えて、加法になおす。

例　$(+4) - (+9) = (+4) + (-9) = -5$

加法になおす
符号を変える

「+9をひく」 → 「−9を加える」
「−9をひく」 → 「+9を加える」
となるよ。

例　$(+4) - (-9) = (+4) + (+9) = +13$

加法になおす
符号を変える

1 次の計算をしましょう。

やってみよう

(1) $(+6) - (+10)$　　(2) $(-2) - (-5)$　　(3) $(+15) - (-3)$

〔　　　〕　　　　〔　　　〕　　　　〔　　　〕

(4) $(-8) - (+7)$　　(5) $0 - (+9)$　　(6) $(-16) - 0$

〔　　　〕　　　　〔　　　〕　　　　〔　　　〕

(7) $(-4) - (-4)$　　(8) $(+7) - (+7)$　　(9) $(-12) - (-3)$

〔　　　〕　　　　〔　　　〕　　　　〔　　　〕

(10) $(-9) - (+5) - (-2)$　　　　(11) $(+4) - (-10) - (-7)$

〔　　　〕　　　　　　　　〔　　　〕

何問できた？　11問中　　問

5 加法と減法①

ここ大事！

★ **加法と減法の混じった計算①**

●**加法だけの式になおした計算**

例　$(+3)+(-2)-(+6)=\underline{(+3)+(-2)+(-6)}=(+3)+(-8)=-5$

　　　　　　　　　　　　　　　　　↑──加法だけの式になおす

　　$(+3)+(-2)+(-6)$で、$+3$、-2、-6を、この式の項という。

　　　　　　　　　　正の項　　　　負の項

●**項だけを並べた式になおした計算**

例　$-7-(-4)-1-(-9)=-7+(+4)+(-1)+(+9)$

　　　　　　　　　　$=-7+4-1+9$

　　　　　　　　　　$=4+9-7-1$　←──同じ符号の項を集める

　　　　　　　　　　$=13-8$

　　　　　　　　　　$=5$　←──「＋」は省略してもよい

1 次の式の項を答えましょう。

(1)　$5-12-9$

(2)　$-4+3-8$

〔　　　　　　〕　　　　　　　　〔　　　　　　〕

2 次の計算をしましょう。

(1)　$-7+(-6)-1+2$

(2)　$9-(-5)+2+(-6)$

〔　　　　　　〕　　　　　　　　〔　　　　　　〕

(3)　$-11+(-8)-(-4)+7$

(4)　$3+0-(-14)+(-10)$

〔　　　　　　〕　　　　　　　　〔　　　　　　〕

何問できた？　6問中　　　問

6 加法と減法②

ここ大事！

★ 加法と減法の混じった計算②

●小数の計算

例　$2.7 + (-1.6) - (-3.2)$
$= 2.7 - 1.6 + 3.2$
$= 2.7 + 3.2 - 1.6$
$= 5.9 - 1.6$
$= 4.3$

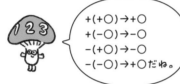

$+(+\bigcirc) \rightarrow +\bigcirc$
$+(-\bigcirc) \rightarrow -\bigcirc$
$-(+\bigcirc) \rightarrow -\bigcirc$
$-(-\bigcirc) \rightarrow +\bigcirc$ だね。

●分数の計算

例　$-\dfrac{2}{3} - \left(-\dfrac{5}{6}\right) + \left(-\dfrac{1}{2}\right)$

$= -\dfrac{2}{3} + \dfrac{5}{6} - \dfrac{1}{2}$　かっこをはずす

$= \dfrac{5}{6} - \dfrac{2}{3} - \dfrac{1}{2}$

$= \dfrac{5}{6} - \dfrac{4}{6} - \dfrac{3}{6}$　通分する

$= \dfrac{5}{6} - \dfrac{7}{6} = -\dfrac{2}{6} = -\dfrac{1}{3}$

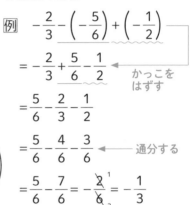

1 次の計算をしましょう。

(1)　$-0.7 + 2.9$

〔　　　　　〕

(2)　$-4.2 + (-1.2) - (-3.5)$

〔　　　　　〕

(3)　$-(-6.1) + 7.8 + (-5.7)$

〔　　　　　〕

(4)　$2.6 + (-5.8) - (-3.1) + 1.4$

〔　　　　　〕

(5)　$\dfrac{1}{2} - \dfrac{3}{4}$

〔　　　　　〕

(6)　$\dfrac{7}{9} - \left(-\dfrac{2}{3}\right) - \dfrac{5}{6}$

〔　　　　　〕

(7)　$-\dfrac{1}{4} - \left(-\dfrac{5}{9}\right) + \dfrac{7}{12}$

〔　　　　　〕

(8)　$1 - \dfrac{3}{4} - \left(-\dfrac{1}{6}\right) - \left(+\dfrac{11}{12}\right)$

〔　　　　　〕

何問できた？  8問中　　問

7 乗法①

ここ大事!

★ **同符号の2つの数の積**…絶対値の積に正の符号をつける。

例　$(-2) \times (-3) = +(2 \times 3) = 6$

正の符号

絶対値の積

★ **異符号の2つの数の積**…絶対値の積に負の符号をつける。

例　$(+2) \times (-3) = -(2 \times 3) = -6$

負の符号

絶対値の積

★ **3つ以上の数の積**…負の数の個数から積の符号を決める。

例　$(-3) \times (-4) \times (-5) = -(3 \times 4 \times 5) = -60$

負の数が3個→負の符号

絶対値の積

積の符号は、負の数の個数が**偶数個**なら＋、**奇数個**なら－となる。

---

1 次の計算をしましょう。

やってみよう

(1)　$(+2) \times (+4)$　　　(2)　$(-6) \times (-5)$　　　(3)　$(+7) \times (-3)$

〔　　　　〕　　　　〔　　　　〕　　　　〔　　　　〕

(4)　$(-1) \times 10$　　　(5)　$(-4.5) \times (-0.4)$　　　(6)　$\dfrac{7}{12} \times \left(-\dfrac{3}{14}\right)$

〔　　　　〕　　　　〔　　　　〕　　　　〔　　　　〕

(7)　$(-3) \times (+8) \times (-4)$　　　　　(8)　$(-2) \times (-9) \times 5 \times (-6)$

〔　　　　〕　　　　　　　　〔　　　　〕

何問できた？　 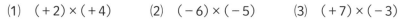 8問中　　問

8 乗法②

月　日

★ 累乗…同じ数をいくつかかけたもの。

　右かたに小さく書いた数を指数という。

　例　$4 \times 4 \times 4 = 4^3$ ←指数

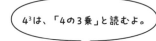
4^3は、「4の3乗」と読むよ。

★ 累乗の計算…指数の数だけかける。

　例　$(-2)^3 = \underline{(-2) \times (-2) \times (-2)} = -8$
　　　　　　　└ -2を3個かける

★ 累乗をふくむ計算…累乗を先に計算する。

　例　$(-3) \times (-5^2) = (-3) \times (-25) = 75$
　　　　　　　　└ $-(5 \times 5) = -25$

1 次の計算をしましょう。

やってみよう

(1)　2^3

(2)　$(-4)^2$

(3)　-7^2

〔　　　　〕　　　〔　　　　〕　　　〔　　　　〕

(4)　$(-6)^3$

(5)　$(-0.8)^2$

(6)　$\left(\dfrac{1}{3}\right)^3$

〔　　　　〕　　　〔　　　　〕　　　〔　　　　〕

(7)　$(-2) \times (-5^3)$

(8)　$(-8)^2 \times (-3^2)$

〔　　　　〕　　　　　　　〔　　　　〕

何問できた？　8問中　　問

9 除法①

月　　日

★ 同符号の2つの数の商…絶対値の商に正の符号をつける。

正の符号

例　$(-12) \div (-3) = +(12 \div 3) = 4$

絶対値の商

★ 異符号の2つの数の商…絶対値の商に負の符号をつける。

負の符号

例　$(-12) \div (+3) = -(12 \div 3) = -4$

絶対値の商

答えの符号の決め方は、乗法のときと同じだよ。

1 次の計算をしましょう。

(1)　$(+4) \div (+2)$

〔　　　　　　〕

(2)　$(-9) \div (-3)$

〔　　　　　　〕

(3)　$(+16) \div (-4)$

〔　　　　　　〕

(4)　$(-24) \div (+8)$

〔　　　　　　〕

(5)　$15 \div (-3)$

〔　　　　　　〕

(6)　$(-4.2) \div (-6)$

〔　　　　　　〕

(7)　$(-5.4) \div 0.9$

〔　　　　　　〕

(8)　$0 \div (-7)$

〔　　　　　　〕

何問できた？　8問中　　　問

10 除法②

月　日

ここ大事！

★ 負の数の逆数

例 $\left(-\dfrac{2}{3}\right) \times \left(-\dfrac{3}{2}\right) = 1$ ➡ $-\dfrac{2}{3}$ の逆数は $-\dfrac{3}{2}$

2つの数の積が1のとき、一方の数を他方の数の逆数というよ。

★ 分数をふくむ除法…わる数を逆数にしてかける。

例 $\dfrac{1}{5} \div \left(-\dfrac{4}{7}\right) = \dfrac{1}{5} \times \left(-\dfrac{7}{4}\right) = -\left(\dfrac{1}{5} \times \dfrac{7}{4}\right) = -\dfrac{7}{20}$

わる数の逆数をかける

1 次の数の逆数を求めましょう。

やってみよう

(1) $-\dfrac{3}{4}$　　　　(2) $-\dfrac{1}{7}$　　　　(3) -8

〔　　　　〕　　　〔　　　　〕　　　〔　　　　〕

2 次の計算をしましょう。

(1) $\left(-\dfrac{1}{5}\right) \div \dfrac{2}{3}$　　　　　　(2) $\dfrac{7}{8} \div \left(-\dfrac{3}{4}\right)$

〔　　　　〕　　　　　　〔　　　　〕

(3) $\left(-\dfrac{5}{6}\right) \div \left(-\dfrac{4}{9}\right)$　　　　(4) $\left(-\dfrac{15}{14}\right) \div \left(-\dfrac{10}{7}\right)$

〔　　　　〕　　　　　　〔　　　　〕

(5) $\dfrac{9}{10} \div \left(-\dfrac{1}{2}\right)$　　　　　(6) $12 \div \left(-\dfrac{9}{5}\right)$

〔　　　　〕　　　　　　〔　　　　〕

何問できた？　9問中　　問

11 乗法と除法

月　日

★ **乗法と除法の混じった計算**…乗法だけの式になおして計算する。

例　$(-2) \times \dfrac{3}{5} \div \left(-\dfrac{7}{4}\right) = (-2) \times \dfrac{3}{5} \times \left(-\dfrac{4}{7}\right)$ ←わる数の逆数をかけて、乗法だけの式になおす。

$\qquad = + \left(2 \times \dfrac{3}{5} \times \dfrac{4}{7}\right)$ ←負の数が2個あるから、答えの符号は「＋」

$\qquad = \dfrac{24}{35}$

1 次の計算をしましょう。

やってみよう

(1)　$3 \div \left(-\dfrac{12}{5}\right) \times (-7)$

(2)　$(-10) \div 8 \times (-16)$

〔　　　　　〕　　　　　　　　　〔　　　　　〕

(3)　$\dfrac{2}{3} \times \dfrac{9}{10} \div \left(-\dfrac{8}{15}\right)$

(4)　$\left(-\dfrac{14}{9}\right) \div \left(-\dfrac{7}{3}\right) \div (-6)$

〔　　　　　〕　　　　　　　　　〔　　　　　〕

(5)　$(-2)^2 \times 7 \div (-12)$

(6)　$\dfrac{5}{6} \div \left(-\dfrac{7}{4}\right) \times (-3^2)$

〔　　　　　〕　　　　　　　　　〔　　　　　〕

何問できた？ 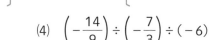 6問中　　　問

12 四則の混じった計算

月 日

★ 四則の混じった計算…累乗→かっこの中→乗法・除法→

加法・減法の順に計算！

例 $4-(-3)^2 \times (6-8)$ ← 累乗

$= 4 - 9 \times (6-8)$ ← かっこの中

$= 4 - 9 \times (-2)$ ← 乗法

$= 4 - (-18)$ ← 減法

$= 22$

加法、減法、乗法、除法を
まとめて四則というよ。

★ 分配法則…$(a+b) \times c = a \times c + b \times c$ $a \times (b+c) = a \times b + a \times c$

例 $6 \times \left(\dfrac{2}{3} + \dfrac{1}{2} \right) = 6 \times \dfrac{2}{3} + 6 \times \dfrac{1}{2} = 4 + 3 = 7$

例 $9 \times (-8) + 91 \times (-8) = (9+91) \times (-8)$

$= 100 \times (-8) = -800$

1 次の計算をしましょう。

(1) $5 + (-3) \times 2$

(2) $-9 - (-24) \div 4$

〔　　　　〕　　　　　　　　　　〔　　　　〕

(3) $13 + (-8)^2 \div (11+5)$

(4) $6 \times (-2)^3 - (3-15)$

〔　　　　〕　　　　　　　　　　〔　　　　〕

(5) $\left(\dfrac{5}{3} - \dfrac{3}{4} \right) \times 12$

(6) $25 \times (-11) + 25 \times (-9)$

〔　　　　〕　　　　　　　　　　〔　　　　〕

13 素数と素因数分解

月　日

ここ
大事！

★ 素数…1 とその数自身の積でしか表せない自然数。

2、3、5、7、11、13、17、19、……

★ 素因数分解…自然数を素数だけの積で表すこと。

例　$90 = 2 \times 3 \times 3 \times 5 = 2 \times 3^2 \times 5$

同じ素数がかけ合わされるときは、累乗の指数を使って表す。

2)90
3)45
3)15
　5

このように小さい素数から順にわっていき、積の形にするといいよ。

1 次の数の中から、素数をすべて選びましょう。

1、3、4、9、11、17、21、24、29、31、35

〔　　　　　　　　　　　　　　　　　　　〕

2 次の数を素因数分解しましょう。

(1)　42

(2)　60

〔　　　　　　〕　　　　　〔　　　　　　〕

(3)　126

(4)　130

〔　　　　　　〕　　　　　〔　　　　　　〕

(5)　315

(6)　360

〔　　　　　　〕　　　　　〔　　　　　　〕

何問できた？　7問中　　問

14 正の数・負の数の利用

月　日

ここ大事！

★ 正の数・負の数の利用

例　右の表の 4 人の身長の平均を
求める。

生徒	A	B	C	D
身長(cm)	151	147	154	142
基準との差(cm)	+1	−3	+4	−8

解　150cmを基準にすると、基準
との差の平均は、
$\{(+1)+(-3)+(+4)+(-8)\}÷4=-1.5$(cm)
身長の平均は、$\underline{150}+\underline{(-1.5)}=148.5$(cm)
　　　　　基準　　　　　　　基準との差の平均

身長の合計を求めるより計算が簡単になるね。

やってみよう

1 右の表は、A 〜 D の 4 人の通学時間を、
20分を基準にして、それより高い場合
を正の数、低い場合を負の数で表したものです。

生徒	A	B	C	D
基準との差（分）	−3	+6	+2	−1

(1)　基準との差の平均を求めましょう。　〔　　　　　　　〕

(2)　4 人の通学時間の平均を求めましょう。　〔　　　　　　　〕

2 右の表は、A 〜 E の 5 人の英語の
テストの得点を、80点を基準にし
て、それより高い場合を正の数、
低い場合を負の数で表したものです。

生徒	A	B	C	D	E
得点（点）	83	78	75	80	86
基準との差（点）	+3	ア	イ	ウ	エ

(1)　表のア〜エにあてはまる数を、正の数、0、負の数を使って表しましょう。

ア〔　　　　〕　イ〔　　　　〕　ウ〔　　　　〕　エ〔　　　　〕

(2)　5 人の得点の平均点を求めましょう。　〔　　　　　　　〕

何問できた？　7問中　　問

15 確認問題1

うでだめし やってみよう

 表裏 10分!

月　日

1 次の問いに答えましょう。 ［4点×4］

(1) 「−5m長い」を、「短い」を使って表しましょう。

〔　　　　　　　〕

(2) 絶対値が2以下の整数をすべて答えましょう。

〔　　　　　　　〕

(3) 次の3つの数の大小を、不等号を使って表しましょう。

$$+4、\ -10、\ -1$$

〔　　　　　　　〕

(4) 220を素因数分解しましょう。

〔　　　　　　　〕

2 次の計算をしましょう。 ［4点×6］

(1) $(+6)+(-8)$

(2) $(-11)-(-3)$

〔　　　　　〕　　　　　〔　　　　　〕

(3) $(-7)×9$

(4) $(-7.4)×(-5)$

〔　　　　　〕　　　　　〔　　　　　〕

(5) $36÷(-4)$

(6) $(-21)÷\left(-\dfrac{3}{8}\right)$

〔　　　　　〕　　　　　〔　　　　　〕

裏面に続くよ

3 次の計算をしましょう。 [6点×8]

(1) $3+(-8)-(-1)$

(2) $-14+9-0-(-2)$

〔　　　　　〕　　　　　　〔　　　　　〕

(3) $(-6) \times \dfrac{5}{12} \div \left(-\dfrac{20}{9}\right)$

(4) $\dfrac{8}{7} \div (-2^2) \times \left(-\dfrac{3}{10}\right)$

〔　　　　　〕　　　　　　〔　　　　　〕

(5) $(-30) \div (7-13)$

(6) $6^2 - 4 \times 5 + (-3)^3$

〔　　　　　〕　　　　　　〔　　　　　〕

(7) $15 \times \left(\dfrac{8}{5} - \dfrac{2}{3}\right)$

(8) $19 \times (-4) + 19 \times (-6)$

〔　　　　　〕　　　　　　〔　　　　　〕

4 右の表は、ある市の月曜日から金曜日までの最高気温を、20℃を基準にして、それより高い場合を正の数、低い場合を負の数で表したものです。

[6点×2]

曜日	月	火	水	木	金
基準との差（℃）	+4	+3	-2	-1	+2

(1) 月曜日の最高気温は何℃ですか。

〔　　　　　〕

(2) 5日間の最高気温の平均を求めましょう。

〔　　　　　〕

何点とれた？　〔　　　　〕点

16 文字式の表し方（積と商）

月　日

ここ大事！

★ 積の表し方

● 記号×をはぶく。　例　$b×a=ab$

● 数を文字の前に書く。1 ははぶく。

　例　$x×5=5x$　例　$1×a=a$、$(-1)×a=-a$

● 累乗の指数を使って表す。　例　$a×a×a=a^3$

★ 商の表し方…記号÷は使わずに、分数の形で書く。

　例　$x÷2=\dfrac{x}{2}$　$\left(\dfrac{1}{2}x としてもよい\right)$　例　$(a+b)÷(-3)=-\dfrac{a+b}{3}$

　例　$(-2)÷y=-\dfrac{2}{y}$

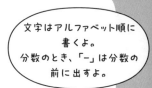

文字はアルファベット順に書くよ。
分数のとき、「−」は分数の前に出すよ。

1 次の式を、文字式の表し方にしたがって書きましょう。

やってみよう

(1)　$y×x$

(2)　$n×4×m$

(3)　$a×(-3)+b$

〔　　　〕　　　〔　　　〕　　　〔　　　〕

(4)　$x×1+y×(-0.1)$

(5)　$(-2)×a×a×a$

(6)　$5×x×x+y×7$

〔　　　〕　　　〔　　　〕　　　〔　　　〕

(7)　$p÷q$

(8)　$(x+y)÷6$

(9)　$3×a÷2×b$

〔　　　〕　　　〔　　　〕　　　〔　　　〕

(10)　$4×x+y÷3$

(11)　$m×m-a÷b$

(12)　$(a-b)÷2+c×d×c$

〔　　　〕　　　〔　　　〕　　　〔　　　〕

何問できた？　12問中　　問

17 文字式の表し方（数量）

ここ大事！

★ よく使われる公式や表し方

● （代金）＝（単価）×（個数）　● （速さ）＝（道のり）÷（時間）

● （平均）＝（合計）÷（個数）

● 十の位の数が a、一の位の数が b である 2 けたの整数 ➡ $10a+b$

● 単位が異なる量…単位をそろえて表す。

例　a m と b cm の差は、

単位を cm にそろえると a m ＝ $100a$ cm ➡ $100a-b$（cm）

● 割合

例　a% ➡ $\dfrac{a}{100}$　（または $0.01a$）　a割 ➡ $\dfrac{a}{10}$　（または $0.1a$）

---

1 次の数量を、文字式の表し方にしたがって、式に表しましょう。

やってみよう

(1)　1 本150円のペンを n 本買ったときの代金　〔　　　　　〕

(2)　x km の道のりを 3 時間かかって歩いたときの速さ〔　　　　　〕

(3)　1 個 x kg の荷物Aが 5 個、1 個 y kg の荷物Bが 7 個あるとき、この12個の荷物の重さの合計　〔　　　　　〕

(4)　周の長さが a cm の正方形の 1 辺の長さ　〔　　　　　〕

(5)　底辺 x cm、高さ y cm の三角形の面積　〔　　　　　〕

(6)　x kg の空のびんの中に、砂糖を y g 入れたときの全体の重さ

〔　　　　　〕

(7)　500人の生徒のうち p% が欠席したときの欠席した生徒の人数

〔　　　　　〕

何問できた？　7問中　　問

18 式の値

月　日

★ 代入と式の値

●代入…式の中の文字を数におきかえること。

●式の値…代入して計算した結果。

例　$x = -2$ のときの、$5 - 3x$ の値は、

$$5 - 3x = 5 - 3 \times (-2) = 5 + 6 = 11$$

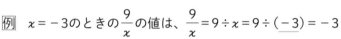
代入　　　式の値

●分数の式への代入…÷を使った式になおして代入する。

例　$x = -3$ のときの $\dfrac{9}{x}$ の値は、$\dfrac{9}{x} = 9 \div x = 9 \div (-3) = -3$

または、$\dfrac{9}{x} = \dfrac{9}{(-3)} = -3$

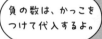
負の数は、かっこをつけて代入するよ。

---

1 $a = 5$ のとき、次の式の値を求めましょう。

(1)　$3a + 4$ 　　　　(2)　a^2 　　　　(3)　$\dfrac{25}{a}$

〔　　　　　〕　　　〔　　　　　〕　　　〔　　　　　〕

2 $x = -4$ のとき、次の式の値を求めましょう。

(1)　$-5x + 13$ 　　(2)　$\dfrac{1}{2}x - 6$ 　　(3)　$2x^2 + 5x$

〔　　　　　〕　　　〔　　　　　〕　　　〔　　　　　〕

3 $x = 3$、$y = -2$ のとき、次の式の値を求めましょう。

(1)　$2x + 3y$ 　　　(2)　$-4xy - 2y^2$ 　　(3)　$(x + 3y)^2$

〔　　　　　〕　　　〔　　　　　〕　　　〔　　　　　〕

何問できた？ 　9問中　　問

19 項・係数・1次式

ここ大事！

★ 項と係数

$$3x - 4y + 6$$
$$= 3x + (-4y) + 6$$
項
x の係数 3、y の係数 -4

● 項…加法の記号 + で結ばれた 1 つ 1 つ。

● 係数…文字をふくむ項で、数の部分。

　例　$3x - 4y + 6 = 3x + (-4y) + 6$ だから、
　　　項は、$3x$、$-4y$、6　　x の係数は 3、y の係数は -4

● 1 次の項…$3x$、$-4y$ のように、文字が 1 つだけの項。

● 1 次式…1 次の項だけか、1 次の項と数の項の和で表される式。

　例　$a - b$➡1次式　　　$x + 2y - 3$➡1次式
　　　$c^2 + c + 1$➡1次式ではない　　　10➡1次式ではない

---

1 次の式の、項と係数を答えましょう。

やってみよう

(1)　$2x + 5y$　　　　　(2)　$x - \dfrac{1}{4}y$　　　　　(3)　$4a^2 - a$

　　　項〔　　　　　〕　　　項〔　　　　　〕　　　項〔　　　　　〕
　　　係数〔　　　　　〕　　係数〔　　　　　〕　　係数〔　　　　　〕

2 次の式の中から、1次式を記号ですべて答えましょう。

ア　$3a$　　　　　　　　イ　x^2　　　　　　　　ウ　$6y + 5$

エ　$2m^2 - m$　　　　　オ　-5　　　　　　　　カ　$\dfrac{3}{5}x + \dfrac{1}{2}y$

〔　　　　　　　　　〕

何問できた？　7問中　　問

20 加法と減法①

月　日

ここ大事！

★ 項のまとめ方

●同じ文字の項の式

例　$5x + 4x = (5+4)x = 9x$　　　$5x - 4x = (5-4)x = x$

係数どうしを計算

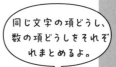
同じ文字の項どうし、数の項どうしをそれぞれまとめるよ。

●同じ文字の項と数の項がある式

例　$7x + 4 - (-3x) - 9 = 7x + 3x + 4 - 9$

$\qquad = (7+3)x + 4 - 9 = 10x - 5$

1 次の計算をしましょう。

やってみよう

(1) $7x + 2x$

(2) $a - 10a$

(3) $11y - (-3y)$

〔　　　　〕　　　〔　　　　〕　　　〔　　　　〕

(4) $9x - 8x - 5x$

(5) $-0.1y + 4y$

(6) $\dfrac{2}{3}a - \dfrac{5}{6}a$

〔　　　　〕　　　〔　　　　〕　　　〔　　　　〕

2 次の計算をしましょう。

(1) $3a + 4 + 5a + 2$

(2) $2x - 7 - 4x + 9$

(3) $-6y - 8 + 6y + 2$

〔　　　　〕　　　〔　　　　〕　　　〔　　　　〕

(4) $6 + 2b - 3 + 5b - 4$

(5) $-y + 3.7 - 5.2 + 2.8y$

(6) $\dfrac{3}{8}a - 9 - \dfrac{5}{8}a + 2$

〔　　　　〕　　　〔　　　　〕　　　〔　　　　〕

何問できた？　12問中　　問

21 加法と減法②

月　日

ここ大事！

★ 加法…そのままかっこをはずす。

$$+(a+b) = +a+b \qquad +(a-b) = +a-b$$

例　$(6x+2)+(3x-5) = 6x+2+3x-5$ ┐ そのままかっこをはずして
　　　　　　　　　　　　$= 6x+3x+2-5$ ◄─ 項を入れかえる
　　　　　　　　　　　　$= 9x-3$

★ 減法…各項の符号を変えて、かっこをはずす。

$$-(a+b) = -a-b \qquad -(a-b) = -a+b$$

例　$(6x+2)-(3x-5) = 6x+2-3x+5$ ┐ 各項の符号を変えてかっこを
　　　　　　　　　　　　$= 6x-3x+2+5$ ◄─ はずして、項を入れかえる
　　　　　　　　　　　　$= 3x+7$

右のように計算してもいいよ。

加法	$3x+1$	減法	$3x+1$
+）	$x-7$	−）	$x-7$
	$4x-6$		$2x+8$

1 次の計算をしましょう。

やってみよう

(1)　$(2a+3)+(3a+4)$　〔　　　　　　〕

(2)　$(-6y+4)+(4y-1)$　〔　　　　　　〕

(3)　$(8x+2)-(9x+3)$　〔　　　　　　〕

(4)　$(7a-4)-(6a-7)$　〔　　　　　　〕

2 次の計算をしましょう。

(1)　　$-7x-15$
　　+）　$x+6$
　　─────

(2)　　$5a+4$
　　−）$2a-9$
　　─────

(3)　　$-4x-6$
　　−）$3x-7$
　　─────

何問できた？　7問中　　　問

22 乗法と除法①

★ 項が1つの式と数との乗除

例　$2x \times 5 = 2 \times x \times 5 = 10x$

例　$15a \div 3 = \dfrac{15a}{3} = \dfrac{\overset{5}{15} \times a}{\underset{1}{3}} = 5a$

$a(b+c)=ab+ac$
$\dfrac{b+c}{a}=\dfrac{b}{a}+\dfrac{c}{a}$
はよく使うよ。

★ 項が2つの式と数との乗除

例　$2(4x-3) = 2 \times 4x + 2 \times (-3) = 8x - 6$

例　$(10a+15) \div 5 = \dfrac{10a}{5} + \dfrac{15}{5} = 2a + 3$

1 次の計算をしましょう。

(1)　$4a \times 8$

(2)　$(-x) \times (-5)$

(3)　$\dfrac{4}{5}a \times (-20)$

〔　　　〕　　〔　　　〕　　〔　　　〕

(4)　$49x \div (-7)$

(5)　$-\dfrac{4}{9}a \div (-8)$

(6)　$6x \div \left(-\dfrac{3}{2}\right)$

〔　　　〕　　〔　　　〕　　〔　　　〕

2 次の計算をしましょう。

(1)　$-5(2a+9)$

(2)　$(-x+7) \times (-4)$

(3)　$\left(\dfrac{5}{6}x - \dfrac{3}{8}\right) \times 24$

〔　　　〕　　〔　　　〕　　〔　　　〕

(4)　$(21a+35) \div 7$

(5)　$(6y-9) \div (-3)$

(6)　$(2x-6) \div \left(-\dfrac{2}{5}\right)$

〔　　　〕　　〔　　　〕　　〔　　　〕

何問できた？　12問中　　問

23 乗法と除法②

月　　日

★ いろいろな計算

● 分数の形の式と数との乗法…かける数と分母で約分してからかっこをはずす。

例　$\dfrac{4x+5}{3} \times 6 = \dfrac{(4x+5) \times \overset{2}{\cancel{6}}}{\underset{1}{\cancel{3}}} = (4x+5) \times 2 = 4x \times 2 + 5 \times 2 = 8x+10$

● 数×(　　　)の加減…かっこをはずし、文字の項、数の項をそれぞれまとめる。

例　$2(a+3) + 3(2a-1) = 2a+6+6a-3 = 2a+6a+6-3 = 8a+3$

---

1 次の計算をしましょう。

(1)　$4 \times \dfrac{x-1}{2}$　　　　(2)　$-12\left(\dfrac{5a-3}{4}\right)$　　　(3)　$\dfrac{3}{4}(8x-12)$

〔　　　　　〕　　　　〔　　　　　〕　　　　〔　　　　　〕

(4)　$6a + 2(3a-1)$　　　(5)　$5(2a+1)-4(a-2)$　(6)　$7(6x-5)-2(3x-8)$

〔　　　　　〕　　　　〔　　　　　〕　　　　〔　　　　　〕

2 次の計算をしましょう。

(1)　$6\left(a+\dfrac{1}{3}\right) + 8\left(2a-\dfrac{1}{2}\right)$　　　　(2)　$\dfrac{1}{3}(6x+9) - \dfrac{3}{2}(2x+4)$

〔　　　　　　　〕　　　　　　　〔　　　　　　　〕

(3)　$\dfrac{3x+1}{2} \times 8 + \dfrac{x-2}{3} \times 9$　　　　(4)　$\dfrac{a-2}{2} \times 6 - \dfrac{a-1}{4} \times 16$

〔　　　　　　　〕　　　　　　　〔　　　　　　　〕

何問できた？　10問中　　　問

24 関係を表す式①

ここ大事！

★ 等しい関係を表す式

- **等式**…等号「＝」を使って、2つの数量が等しい関係を表した式。
- 等号の左側の部分を**左辺**、右側の部分を**右辺**、左辺と右辺をまとめて**両辺**という。

> 等式
>
> $$2x + 4 = 16$$
> 左辺　　右辺
> └── 両辺 ──┘

例　ある数 x を3倍して2を加えた数は、x から5をひいた数を4倍した数に等しい。　→　$3x + 2 = 4(x - 5)$

---

1 次の数量の関係を等式で表しましょう。

やってみよう

(1) x を5倍して3を加えた数は、48に等しくなる。

〔　　　　　　　　〕

(2) a mの針金から5mの針金を4本切り取ると、残りの長さが b mになる。

〔　　　　　　　　〕

(3) 2000mLのジュースを、x mLずつ7人で飲むと、残りは y mLであった。

〔　　　　　　　　〕

(4) b 枚の画用紙を1人に3枚ずつ a 人に配ると、2枚たりない。

〔　　　　　　　　〕

(5) 時速4kmで x 時間歩くと、進んだ道のりは y kmになった。

〔　　　　　　　　〕

(6) 底辺が $(a + 6)$ cm、高さが7cmの三角形の面積は91cm^{2}になる。

〔　　　　　　　　〕

(7) 1本 a 円の鉛筆6本と1個 b 円の消しゴム5個を買ったら、代金の合計はちょうど1000円だった。

〔　　　　　　　　〕

何問できた？　　7問中　　　問

25 関係を表す式②

ここ大事！

★ 大小関係を表す式

●**不等式**…不等号「 <、 >、 ≦、 ≧ 」を使って、
　　２つの数量の大小関係を表した式。

●不等号の左側の部分を**左辺**、右側の部分を**右辺**、
　左辺と右辺をまとめて**両辺**という。

●**不等号の表し方**

例　a は b 以上 ➡ $a \geqq b$　　　　a は b 以下 ➡ $a \leqq b$

　　a は b より大きい ➡ $a > b$　　　a は b 未満 ➡ $a < b$

不等式

$$4x + 5 < 2x + 3$$

左辺　　　右辺

└── 両辺 ──┘

---

1 次の数量の関係を不等式で表しましょう。

やってみよう

(1)　x から４をひいた数は、8より大きい。　〔　　　　　〕

(2)　ある数 a に５を加えた数は、もとの数 a の２倍以下になる。
　　　　　　　　　　　　　　　　　　　　　　　〔　　　　　〕

(3)　１本120円の鉛筆を x 本買うと、代金は1000円より高い。
　　　　　　　　　　　　　　　　　　　　　　　〔　　　　　〕

(4)　縦 a cm、横５cmの長方形の面積は、20cm^{2}未満になる。
　　　　　　　　　　　　　　　　　　　　　　　〔　　　　　〕

(5)　x kmの道のりを時速５kmで歩くと、２時間以上かかる。
　　　　　　　　　　　　　　　　　　　　　　　〔　　　　　〕

(6)　１個３kgの品物 a 個を b kgの箱に入れたとき、重さの合計が14kg以
　　下になる。　　　　　　　　　　　　　　　〔　　　　　〕

(7)　ある博物館の入館料が大人１人 x 円、子ども１人 y 円のとき、大人
　　２人と子ども３人分の入館料を払うと、2000円でおつりがもらえる。
　　　　　　　　　　　　　　　　　　　　　　　〔　　　　　〕

何間できた？　　7問中　　　問

26 確認問題2

うでだめし やってみよう

表裏 10分！

月　日

❶ 次の数量を、文字式の表し方にしたがって、式に表しましょう。

［4点×3］

(1)　1個250gの缶づめ a 個を400gのかごに入れたときの重さの合計

〔　　　　　　　　〕

(2)　1個 x 円のりんごを5個買って、1000円出したときのおつり

〔　　　　　　　　〕

(3)　ある場所まで行くのに、はじめの x kmは時速4kmで歩き、残りの y kmは時速5kmで歩いたときにかかった時間の合計

〔　　　　　　　　〕

❷ $x = 2$、$y = -3$ のとき、次の式の値を求めましょう。　［5点×4］

(1)　$6x - 2y$

(2)　$-4(x + 3y)$

〔　　　　　　〕　　　　　〔　　　　　　〕

(3)　$\dfrac{3x - y}{3}$

(4)　$2x^2 + 4y$

〔　　　　　　〕　　　　　〔　　　　　　〕

裏面に続くよ

③ 次の計算をしましょう。 ［6点×8］

(1) $3a + 5 - 4a$

(2) $0.4x - 1.5 - 1.2x + 1$

〔   〕   〔   〕

(3) $-\dfrac{2}{5}x - \dfrac{1}{2} + \dfrac{1}{3}x$

(4) $(-28x + 14) \div (-7)$

〔   〕   〔   〕

(5) $5y - 2(y - 3)$

(6) $-3(2x + 2) + 4(3x - 2)$

〔   〕   〔   〕

(7) $6\left(\dfrac{1}{3}a + \dfrac{1}{2}\right) - 12\left(\dfrac{3}{4}a - \dfrac{1}{2}\right)$

(8) $\dfrac{2x - 5}{4} - \dfrac{x + 1}{3}$

〔   〕   〔   〕

④ 次の数量の関係を等式や不等式で表しましょう。 ［5点×4］

(1) y 本の鉛筆を x 人の子どもに 4 本ずつ配ったら、9 本余った。

〔   〕

(2) 1 個 a 円のりんごを 5 個と 1 個 b 円のももを 2 個買うと、代金の合計は1200円であった。

〔   〕

(3) 長さ 2 m のひもから、長さ30cmのひもを x 本切り取ると、その残りは40cmより長い。

〔   〕

(4) ある生徒の 2 回の数学のテストの得点は a 点、b 点で、2 回の平均点は70点以下である。

〔   〕

27 方程式の解

月　日

ここ大事！

★ **方程式**…式の中の文字に特別な値を代入すると成り立つ等式。

★ **方程式の解**…方程式を成り立たせる文字の値。

例 $5x - 4 = 6$ に $x = 2$ を代入すると、左辺 $= 5 \times 2 - 4 = 6$　右辺 $= 6$

等式が成り立つので、この方程式の解は $x = 2$

方程式の解を求めることを、方程式を解くというよ。

---

1 −2、−1、0、1、2 のうち、次の方程式の解はどれですか。

やってみよう

(1)　$4x + 1 = 5$

(2)　$-2x + 3 = 5$

〔　　　　　〕

〔　　　　　〕

(3)　$x - 4 = 3x$

(4)　$2x - 3 = 3 - x$

〔　　　　　〕

〔　　　　　〕

2 次の問いに答えましょう。

(1)　次のア～ウの方程式のうち、4 が解であるものはどれですか。

ア　$x + 3 = 1$　　　　イ　$2x - 1 = x + 3$　　　ウ　$-x - 4 = x + 4$

〔　　　　　〕

(2)　次のア～ウの方程式のうち、−3 が解であるものはどれですか。

ア　$3x = -1$　　　　イ　$2x + 1 = 5$　　　　ウ　$x - 3 = 2x$

〔　　　　　〕

何問できた？　6問中　　問

28 方程式の解き方①

月　日

★ 等式の性質

❶ 等式の両辺に同じ数や式をたしても、等式は成り立つ。

$A = B$ ならば、$A + C = B + C$

❷ 等式の両辺から同じ数や式をひいても、等式は成り立つ。

$A = B$ ならば、$A - C = B - C$

❸ 等式の両辺に同じ数や式をかけても、等式は成り立つ。

$A = B$ ならば、$AC = BC$

❹ 等式の両辺を同じ数や式でわっても、等式は成り立つ。

$A = B$ ならば、$\dfrac{A}{C} = \dfrac{B}{C}$ $(C \neq 0)$

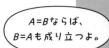

$A=B$ ならば、$B=A$ も成り立つよ。

---

1 次の方程式を解くには、上の等式の性質❶〜❹のどれを使えばよいですか。

やってみよう

(1)　$2x = 10$ 〔　　　　〕

(2)　$x + 8 = 4$ 〔　　　　〕

(3)　$\dfrac{x}{6} = 3$ 〔　　　　〕

(4)　$x - 5 = 7$ 〔　　　　〕

2 次の方程式を、等式の性質を使って解きましょう。

(1)　$x + 2 = 5$ 〔　　　　〕

(2)　$x - 8 = 3$ 〔　　　　〕

(3)　$\dfrac{x}{5} = 4$ 〔　　　　〕

(4)　$-6x = 42$ 〔　　　　〕

何問できた？　8問中　　問

29 方程式の解き方②

月　日

ここ大事!

★ 移項…等式の一方の式にある項を、その符号を変えて他方の辺に移すこと。

★ 移項を利用した方程式の解き方

❶ 文字の項を左辺に、数の項を右辺に移項する。

❷ 両辺を整理して、$ax = b$ の形にする。

❸ 両辺を x の係数 a でわる。

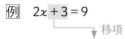

例　$2x + 3 = 9$

移項

$2x = 9 - 3$

$2x = 6$

$x = 3$

1　次の方程式を解きましょう。

やってみよう

(1)　$3x - 4 = 2$

〔　　　　　〕

(2)　$-2x + 5 = -9$

〔　　　　　〕

(3)　$6x = 4x - 10$

〔　　　　　〕

(4)　$4 = 3x + 28$

〔　　　　　〕

(5)　$5x - 2 = 3x - 10$

〔　　　　　〕

(6)　$-7x + 5 = 8x - 10$

〔　　　　　〕

(7)　$-9 + 2x = 3 - 4x$

〔　　　　　〕

(8)　$7 - x = 5x - 11$

〔　　　　　〕

何問できた？　8問中　　問

30 方程式の解き方③

月　日

★ **かっこがある方程式**…**分配法則**を使って、かっこをはずす。

例　$3(x-4) = 5x + 4$ ── かっこをはずす

$3x - 12 = 5x + 4$ ── 文字の項を左辺に、

$3x - 5x = 4 + 12$ ── 数の項を右辺に移項する

$-2x = 16$

$x = -8$

分配法則は
$a(b+c)=ab+ac$ だね。

1 次の方程式を解きましょう。

やってみよう

(1)　$2(x+1) = 3x - 4$

(2)　$7x + 10 = 3(x+2)$

〔　　　　　　〕　　　　　　〔　　　　　　〕

(3)　$-4(x-3) = 5x - 6$

(4)　$2(x+3) = 3(x-4)$

〔　　　　　　〕　　　　　　〔　　　　　　〕

(5)　$5(x-1) = 4(2x-5)$

(6)　$-7(x-2) = 2(x+3)$

〔　　　　　　〕　　　　　　〔　　　　　　〕

何問できた？　6問中　　問

31 方程式の解き方④

★ 小数をふくむ方程式…両辺に10や100をかけて、係数を整数にする。

例

$$0.9x - 1 = 2.6$$
$$(0.9x - 1) \times 10 = 2.6 \times 10 \quad \text{両辺に10をかける}$$
$$9x - 10 = 26$$
$$9x = 36$$
$$x = 4$$

数の項に10や100をかけるのを忘れないようにしよう。

1 次の方程式を解きましょう。

(1) $0.7x - 1.5 = 4.1$

(2) $0.13x - 0.45 = 0.08x$

〔　　　〕　　〔　　　〕

(3) $0.24x = 0.3x - 0.42$

(4) $3.2x + 1.7 = 2.4x - 2.3$

〔　　　〕　　〔　　　〕

(5) $-0.75x + 1.7 = -x - 0.3$

(6) $0.3(x - 1) = 0.2x + 1$

〔　　　〕　　〔　　　〕

何問できた？　6問中　　問

32 方程式の解き方⑤

★ 分数をふくむ方程式…両辺に分母の最小公倍数をかけて、分母をはらう。

例

$$\frac{1}{2}x - 1 = \frac{1}{3}x$$

両辺に分母の最小公倍数 6 をかける

$$\left(\frac{1}{2}x - 1\right) \times 6 = \frac{1}{3}x \times 6$$

$$3x - 6 = 2x$$

$$x = 6$$

分数をふくまない方程式になおすことを、分母をはらうというよ。

1 次の方程式を解きましょう。

(1) $\dfrac{3}{4}x - 5 = \dfrac{1}{3}x$

(2) $\dfrac{5}{8}x = x + \dfrac{3}{2}$

〔　　　　　〕

〔　　　　　〕

(3) $\dfrac{2x + 1}{3} = x - 4$

(4) $x - \dfrac{x + 1}{4} = 5$

〔　　　　　〕

〔　　　　　〕

(5) $\dfrac{1 + 2x}{9} = \dfrac{x - 2}{6}$

(6) $\dfrac{4}{5}x + \dfrac{3}{2} = \dfrac{3}{10}x + 1$

〔　　　　　〕

〔　　　　　〕

何問できた？　6問中　　問

33 方程式の利用①

月　日

ここ大事！

★ 方程式の利用

❶何を文字 x で表すかを決め、等しい数量の関係から方程式をつくる。

❷方程式を解く。

❸求めた解が問題にあっているかどうかを調べる。

★ 代金の関係…（単価）×（個数）＝（代金）

1 同じ値段のあめを12個と80円のチョコレートを8個買ったら、代金の合計は1240円でした。次の問いに答えましょう。

やってみよう

(1) あめ1個の値段を x 円として、方程式をつくりましょう。

〔　　　　　　　　　　　　　　　　　〕

(2) あめ1個の値段は何円ですか。

〔　　　　　　　〕

2 1本150円のお茶と1本180円のジュースを合わせて9本買ったら、代金の合計は1500円でした。次の問いに答えましょう。

(1) 150円のお茶を x 本買ったとして、方程式をつくりましょう。

〔　　　　　　　　　　　　　　　　　〕

(2) お茶とジュースをそれぞれ何本ずつ買いましたか。

お茶〔　　　　　　　〕

ジュース〔　　　　　　　〕

34 方程式の利用②

ここ大事！

★ **過不足の問題**…全体の数量を、2通りの表し方で式に表す。

例　鉛筆を何人かの生徒に配るのに、4本ずつ配ると7本たりず、3本ずつ配ると11本余る。生徒の人数は何人か。

解　生徒の人数を x 人とする。

　　4本ずつ配ると7本たりない

　　➡ $4x - 7$（本）

　　3本ずつ配ると11本余る➡ $3x + 11$（本）

　　鉛筆の本数は同じだから、$4x - 7 = 3x + 11$、$x = 18$　　答えは18人

鉛筆の本数 ── 7本
4x本
3x本　　11本

やってみよう

1 あめを何人かの子どもに同じ数ずつ分けるのに、4個ずつ分けると2個余り、5個ずつ分けると4個たりません。次の問いに答えましょう。

(1)　子どもの人数を x 人として、方程式をつくりましょう。

〔　　　　　　　　　　　　　　　　　〕

(2)　子どもの人数は何人ですか。

〔　　　　　　　　　　　〕

2 クッキーを何個か作り、いくつか箱を用意しました。クッキーを1箱6個ずつ入れると2個余り、1箱7個ずつ入れると、最後の1箱は1個だけになりました。次の問いに答えましょう。

(1)　用意した箱の数を求めましょう。

〔　　　　　　　　　　　〕

(2)　作ったクッキーの数を求めましょう。

〔　　　　　　　　　　　〕

35 方程式の利用③

月　日

★ 追いつく問題…追いついたときの2人の道のりが等しいことから方程式をつくる。

例　追いついたとき、2人の道のりは等しいことから、図で考える。

A が出発してから
a 分後に B が出発

追いつく
地点

（道のり）＝（速さ）×（時間）
を使うよ。

---

1 700m離れた図書館に向かって、妹が歩いて家を出発しました。それから6分後に兄が妹の忘れ物に気づき、自転車で同じ道を追いかけました。妹は分速60m、兄は分速180mで進むとき、次の問いに答えましょう。

(1) 兄が出発してから x 分後に妹に追いつくとすると、兄は何mの道のりを進んだことになりますか。

〔　　　　　　　　〕

(2) 妹が進んだ道のりは何mですか。

〔　　　　　　　　〕

(3) 兄は、出発してから何分後に妹に追いつくか求めましょう。

〔　　　　　　　　〕

(4) 兄が追いついたのは、家から何m離れたところですか。

〔　　　　　　　　〕

何問できた？　4問中　　問

36 比例式

ここ大事!

★ 比例式の性質…$a : b = c : d$ ならば、$ad = bc$

★ 比例式の解き方…比例式の性質を使って、方程式をつくる。

例　$x : 6 = 10 : 15$ ➡ $15x = 60$

外側の項の積と内側の項の積が等しいんだね。

1 次の比例式を解きましょう。

やってみよう

(1)　$3 : 7 = x : 21$

〔　　　　　　　〕

(2)　$45 : x = 5 : 8$

〔　　　　　　　〕

(3)　$x : 2.4 = 5 : 1.5$

〔　　　　　　　〕

(4)　$\dfrac{4}{5} : 3 = x : \dfrac{5}{8}$

〔　　　　　　　〕

(5)　$3 : 4 = (x + 2) : 12$

〔　　　　　　　〕

(6)　$(x + 5) : 6 = x : 3$

〔　　　　　　　〕

2 カードを、弟は6枚、兄は何枚か持っています。今、兄が弟に4枚カードをあげると、弟と兄の持っているカードの枚数の比が5：6になります。はじめに、兄は何枚のカードを持っていましたか。

〔　　　　　　　〕

何問できた？　7問中　　問

37 確認問題3

うでだめし やってみよう

表裏 10分!

月　　日

1 次のア～ウの方程式のうち、－2が解であるものはどれですか。[4点]

ア　$4x + 1 = 9$　　　イ　$5x - 2 = 3x + 4$　　　ウ　$2(x - 1) = 8x + 10$

〔　　　　　　　〕

2 次の方程式を解きましょう。　　　　　　　　　　[6点×8]

(1)　$2x - 3 = 5$

(2)　$7x + 3 = 3x - 9$

〔　　　　　　　〕　　　　　　　〔　　　　　　　〕

(3)　$5(x - 2) = x + 2$

(4)　$8(x - 5) = 5(x + 4)$

〔　　　　　　　〕　　　　　　　〔　　　　　　　〕

(5)　$1.2x + 3.5 = 0.5x$

(6)　$1.2x + 9 = -0.6x + 3.6$

〔　　　　　　　〕　　　　　　　〔　　　　　　　〕

(7)　$\dfrac{2x - 4}{3} = \dfrac{3 + x}{2}$

(8)　$\dfrac{3}{4}x + 1 = x + \dfrac{1}{6}$

〔　　　　　　　〕　　　　　　　〔　　　　　　　〕

裏面に続くよ

3 次の比例式を解きましょう。 ［6点×2］

(1) $5 : x = 10 : 6$　　　　(2) $4 : (x + 6) = 1 : x$

〔　　　　　　　〕　　　　　　　　〔　　　　　　　〕

4 1個120円のプリンを何個かと400円のロールケーキを1個買ったら、合計金額は880円でした。プリンを何個買いましたか。 ［12点］

〔　　　　　　　〕

5 何人かの子どもにみかんを同じ数ずつ分けます。3個ずつ分けると5個余り、4個ずつ分けると10個たりません。子どもの人数とみかんの数を求めましょう。 ［12点］

子ども 〔　　　　　　　〕
みかん 〔　　　　　　　〕

6 弟は家を出発して1200m離れた駅に分速70mで歩いて向かいました。その9分後に、忘れ物に気づいた兄が家を出発して分速280mの自転車に乗って、同じ道を通って弟を追いかけました。弟は家を出発してから何分後に兄に追いつかれますか。 ［12点］

〔　　　　　　　〕

何点とれた？　　　　　点

38 関数

ここ大事！

★ **関数**…x の値を決めると、それにともなって y の値が１つに決まるとき、y は x の関数であるという。

★ **変域**…変数のとる値の範囲。

例　変数 x が２以上７未満の値をとるとき　➡　$2 \leqq x < 7$

いろいろな値をとる文字を変数というよ。

1 次のア〜エのうち、y が x の関数であるものをすべて選びましょう。

やってみよう

ア　x 円の品物を買って、1000円出したときのおつりは y 円である。

イ　絶対値が x である整数は y である。

ウ　縦 x cm、横 y cm の長方形の面積が24cm^{2}となる。

エ　x km の道のりを、時速４km で歩いたときの時間は y 時間である。

〔　　　　　　　　　〕

2 次の x の変域を、不等号を使って表しましょう。

(1)　x は－3以上６以下

(2)　x は－4より大きい

〔　　　　　　〕　　　　　　〔　　　　　　〕

3 1辺の長さが x cm の正三角形の周の長さを y cm とします。次の問いに答えましょう。

(1)　x の値に対応する y の値を求めて、右の表に書きましょう。

x (cm)	1	2	3	4
y (cm)	3			

(2)　y は x の関数であるといえますか。

〔　　　　　　〕

何問できた？　5問中　　　問

39 比例の式①

月　日

ここ大事！

★ 比例…y が x の関数で、右の式で表されるとき、

　　y は x に比例するという。

$$y = ax$$
↑
比例定数

★ 比例の式の求め方

例　y は x に比例し、$x = 2$ のとき $y = 6$。x と y の関係を式に表す。

解　比例だから、$y = ax$ とおき、この式に $x = 2$、$y = 6$ を代入して、

　　$6 = 2a$、$a = 3$　　よって、$y = 3x$

1 次のア～カの式で、y が x に比例しているものをすべて選びましょう。

やってみよう

ア　$y = 5x$　　　　　イ　$y = x + 8$　　　　ウ　$y = \dfrac{x}{2}$

エ　$\dfrac{y}{x} = 4$　　　　オ　$xy = 12$　　　　カ　$x - y = 0$

〔　　　　　　　　〕

2 次の比例の式について、比例定数を答えましょう。

(1)　$y = 2x$　　　　　(2)　$y = 30x$　　　　　(3)　$y = -4x$

〔　　　　〕　　　　〔　　　　〕　　　　〔　　　　〕

3 次の x と y の関係を式に表しましょう。

(1)　y は x に比例し、$x = 3$ のとき $y = 24$ です。

〔　　　　　　　　〕

(2)　y は x に比例し、$x = 20$ のとき $y = 4$ です。

〔　　　　　　　　〕

何問できた？　6問中　　問

40 比例の式②

ここ大事！

★ 変数や比例定数が負の場合

● 変数 x、y や比例定数 a が負の値のときも、x と y の関係が $y=ax$ で表されるとき、y は x に比例するという。

例　y は x に比例し、$x=-3$ のとき $y=6$。x と y の関係を式に表す。

解　比例だから、$y=ax$ とおき、この式に $x=-3$、$y=6$ を代入して、
$6=-3a$、$a=-2$　　よって、$y=-2x$

1 次の x と y の関係を式に表しましょう。

やってみよう

(1)　y は x に比例し、$x=8$ のとき $y=-40$ です。

〔　　　　　　　　〕

(2)　y は x に比例し、$x=-4$ のとき $y=24$ です。

〔　　　　　　　　〕

2 次の表で、y は x に比例しています。次の問いに答えましょう。

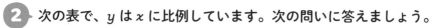

x	…	-3	-2	-1	0	1	2	3	…
y	…					-3			…

(1)　x の値に対応する y の値を求めて、上の表を完成させましょう。

(2)　x と y の関係を式に表しましょう。

〔　　　　　　　　〕

(3)　$x=-5$ のときの y の値を求めましょう。

〔　　　　　　　　〕

(4)　$y=-21$ のときの x の値を求めましょう。

〔　　　　　　　　〕

何問できた？　6問中　　問

41 比例の式③

★ **変域に制限がある場合**

●変域が問題文に書かれていなくても、変域が決まっている場合がある。

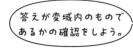
答えが変域内のもので
あるかの確認をしよう。

1 40Lの水が入る空の水槽に、1 分間に 5 Lずつ満水になるまで水を入れていきます。x 分後の水槽の中の水の量をyLとします。次の問いに答えましょう。

(1) x と y の関係を式に表しましょう。

〔　　　　　　　　　〕

(2) y の変域を、不等号を使って表しましょう。

〔　　　　　　　　　〕

(3) x の変域を、不等号を使って表しましょう。

〔　　　　　　　　　〕

2 120kmの道のりを、時速40kmの自動車で進みます。x 時間でy km進んだとします。次の問いに答えましょう。

(1) x と y の関係を式に表しましょう。

〔　　　　　　　　　〕

(2) y の変域を、不等号を使って表しましょう。

〔　　　　　　　　　〕

(3) x の変域を、不等号を使って表しましょう。

〔　　　　　　　　　〕

42 座標

月 日

ここ大事！

★ 座標

● x 軸…横の数直線　● y 軸…縦の数直線

● 座標軸…x 軸と y 軸　● 原点…座標軸の交点O

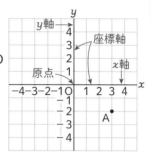

例　点Aを表す数の組(3、−2)を点Aの座標
といい、3を x 座標、−2を y 座標という。
A(3、−2)と表す。

1 右の図で、点A、B、C、D、E、Fの
座標を答えましょう。

A 〔(　　　　、　　　　)〕
B 〔(　　　　、　　　　)〕
C 〔(　　　　、　　　　)〕
D 〔(　　　　、　　　　)〕
E 〔(　　　　、　　　　)〕
F 〔(　　　　、　　　　)〕

2 次の点G、H、I、J、K、Lを右の図
にかき入れましょう。

G(5、1)　　　　H(−5、1)
I(−4、−3)　　J(6、−4)
K(4、0)　　　　L(0、−6)

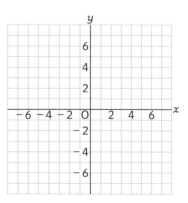

何問できた？　12問中　　問

43 比例のグラフ①

★ 比例 $y = ax$ のグラフ…原点を通る直線

グラフをかくときは、原点ともう1つの点をとって直線をかこう。

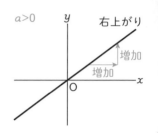

$a > 0$　　右上がり

---

1 次の問いに答えましょう。

(1) 比例 $y = 2x$ について、x の値に対応する y の値を求めて、下の表を完成させ、右の図にグラフをかきましょう。

x	-2	-1	0	1	2
y					

(2) 次の関数のグラフを右の図にかきましょう。

① $y = 3x$　　② $y = \dfrac{1}{3}x$

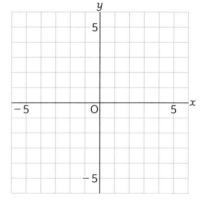

2 右の(1)～(3)の直線は、比例のグラフです。それぞれ比例の式を求めましょう。

(1) 〔　　　　　〕

(2) 〔　　　　　〕

(3) 〔　　　　　〕

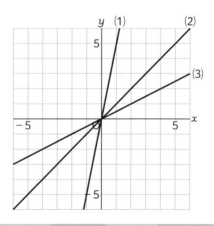

何問できた？　　6問中　　問

44 比例のグラフ②

月　日

 a>0のグラフとのちがいを見つけよう。

★ 比例のグラフ

● 比例の関係 $y = ax$ で、比例定数 a が負の数の場合、グラフは原点を通る右下がりの直線。

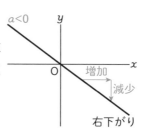

a<0

増加

減少

右下がり

---

1 次の問いに答えましょう。

 やってみよう

(1) 比例 $y = -3x$ について、x の値に対応する y の値を求めて、下の表を完成させ、右の図にグラフをかきましょう。

x	-2	-1	0	1	2
y					

(2) 次の関数のグラフを右の図にかきましょう。

① $y = -2x$ 　　② $y = -\dfrac{1}{2}x$

2 右の(1)〜(3)の直線は、比例のグラフです。それぞれ比例の式を求めましょう。

(1) 〔　　　　　　〕

(2) 〔　　　　　　〕

(3) 〔　　　　　　〕

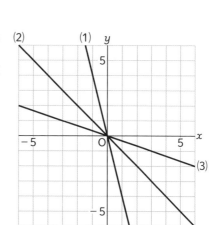

何問できた？　6問中　　問

45 反比例の式

ここ大事！

★ **反比例**…y が x の関数で、右の式で表される

とき、y は x に **反比例** するという。

$$y = \frac{a}{x} \leftarrow \text{比例定数}$$
$$\downarrow$$
$$xy = a$$

★ **反比例の式の求め方**

例　y は x に反比例し、$x = 2$ のとき $y = 6$。x と y の関係を式に表す。

解　反比例だから、$y = \frac{a}{x}$ とおき、この式に $x = 2$、$y = 6$ を代入して、

$6 = \frac{a}{2}$、$a = 12$　　よって、$y = \frac{12}{x}$

$xy = a$ に代入してもいいよ。

1 次のア〜カの式で、y が x に反比例しているものをすべて選びましょう。

やってみよう

ア　$y = x + 5$　　　　　イ　$y = \frac{8}{x}$　　　　　ウ　$y = \frac{x}{10}$

エ　$xy = 18$　　　　　オ　$x + y = 0$　　　　　カ　$y = -\frac{27}{x}$

〔　　　　　　　〕

2 次の反比例の式について、比例定数を答えましょう。

(1)　$y = \frac{24}{x}$　　　　　(2)　$xy = 16$　　　　　(3)　$y = -\frac{6}{x}$

〔　　　　〕　　　〔　　　　〕　　　〔　　　　〕

3 次の問いに答えましょう。

(1)　y は x に反比例し、$x = 3$ のとき $y = 9$ です。x と y の関係を式に表しましょう。

〔　　　　　　　〕

(2)　y は x に反比例し、$x = -5$ のとき $y = 4$ です。x と y の関係を式に表しましょう。

〔　　　　　　　〕

何問できた？ 6問中　　　問

46 反比例のグラフ①

★ 反比例 $y = \dfrac{a}{x}$ のグラフ…双曲線（そうきょくせん）

●比例定数 a が正の場合、グラフは座標軸の右上と左下の双曲線になる。

$a>0$

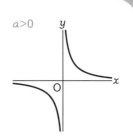

---

1 反比例 $y = \dfrac{6}{x}$ について、x の値に対応する y の値を求めて、下の表を完成させ、右の図にグラフをかきましょう。

x	-6	-3	-2	-1	0	1	2	3	6
y					✕	6			

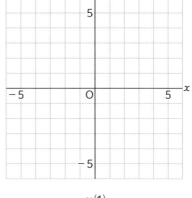

2 右の(1)、(2)の双曲線は、反比例のグラフです。それぞれ反比例の式を求めましょう。

(1) 〔　　　　　　　〕

(2) 〔　　　　　　　〕

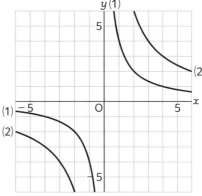

何問できた？　4問中　　問

47 反比例のグラフ②

★ 反比例のグラフ

●反比例 $y = \dfrac{a}{x}$ で、比例定数 a が負の数の場合、
グラフは、座標軸の左上と右下の双曲線になる。

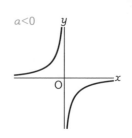

1 反比例 $y = -\dfrac{6}{x}$ について、x の値に対応する y の値（あたい）を求めて、下の表を完成させ、右の図にグラフをかきましょう。

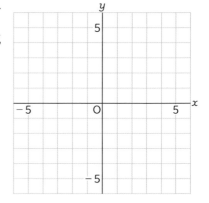

x	-6	-3	-2	-1	0	1	2	3	6
y					✕				

2 右の(1)、(2)の双曲線は、反比例のグラフです。それぞれ反比例の式を求めましょう。

(1) 〔　　　　　　　〕

(2) 〔　　　　　　　〕

反比例のグラフが座標軸と交わることはないよ。

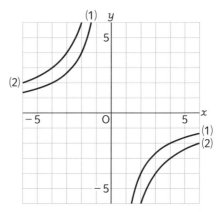

48 比例の利用

★ **比例の利用**

例　5 mの重さが60gの針金がある。この針金900gの長さは何 mに
なるか。

解　針金の重さは長さに比例することを利用して、針金の長さを
x m、重さを y gとすると、y は x に比例するので $y = ax$ とおける。
この式に、$x = 5$、$y = 60$ を代入して、$60 = 5a$、$a = 12$
式は $y = 12x$ となり、$y = 900$ を代入して、$x = 75$　答えは75m

---

1 妹と兄は、家から1200m離れた駅
まで同じ道を妹は自転車で、兄は
歩いて行きました。右の図は、家
を出発してから x 分後の家からの
道のりを y mとして、x と y の関
係を表したものです。次の問いに
答えましょう。

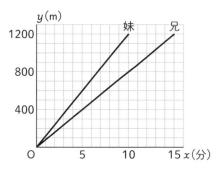

(1) 妹と兄について、x と y の関係を式に表しましょう。

妹〔　　　　　　　〕兄〔　　　　　　　〕

(2) 出発して 5 分後の妹と兄の道のりの差を求めましょう。

〔　　　　　　　〕

何問できた？　3問中　　問

49 反比例の利用

ここ
大事！

★ 反比例の利用

例 毎分 4 Lの割合で水を入れると15分でいっぱいになる空の水槽を、10分で満水にするには、毎分何Lの割合で水を入れればよいか。

解 （1 分間に入れる水の量）×（時間）＝（水槽に入る水の量）より、反比例の関係があることを利用して、毎分 x Lずつ y 分間水を入れるとすると、$xy = 4 \times 15$ より、$y = \dfrac{60}{x}$ となり、この式に、$y = 10$ を代入して、$10 = \dfrac{60}{x}$、$x = 6$ 答えは毎分 6 L

1 分速60mで歩くと50分かかる道のりを、走ることにしました。分速 x m で走ったときの時間を y 分とするとき、次の問いに答えましょう。

やって
みよう

(1) x と y の関係を式に表しましょう。　　　〔　　　　　　　〕

(2) 15分で同じ道のりを進むためには、分速何mで走ればよいですか。

〔　　　　　　　〕

2 電子レンジで食品を加熱するとき、電子レンジの出力を x W、加熱時間を y 秒とすると、y は x に反比例すると考えられています。ある食品を電子レンジで加熱するときの時間は右のようになっています。次の問いに答えましょう。

加熱時間の目安	
600W	1分40秒

(1) x と y の関係を式に表しましょう。

〔　　　　　　　〕

(2) この食品を500Wの出力の電子レンジで加熱するとき、加熱時間は何分に設定すればよいですか。　　〔　　　　　　　〕

何問できた？　　〔 4問中　　問 〕

50 確認問題4

1 次のア～エのうち、y が x に比例するもの、反比例するものをそれぞれすべて選びましょう。　　　　[4点×2]

ア　1個150円のドーナツを x 個買ったときの代金は y 円である。

イ　面積が60cm^{2}の長方形の縦の長さが x cm、横の長さが y cmである。

ウ　時速 x kmで y 時間進んだときの道のりが50kmである。

エ　半径 x cmの円の円周の長さが y cmである。ただし円周率を π とする。

(1)　比例　〔　　　　　〕

(2)　反比例〔　　　　　〕

2 次の x と y の関係を式に表しましょう。　　　　[5点×2]

(1)　y は x に比例し、$x=3$ のとき $y=-15$ です。

〔　　　　　〕

(2)　y は x に反比例し、$x=-6$ のとき $y=3$ です。

〔　　　　　〕

3 右のア～エの式で表される関数のうち、次の(1)～(3)のそれぞれにあてはまるものをすべて選びましょう。　　　　[6点×3]

ア　$y=3x$	イ　$y=-\dfrac{x}{3}$
ウ　$y=\dfrac{3}{x}$	エ　$y=-\dfrac{3}{x}$

(1)　グラフが点(3、-1)を通る。

〔　　　　　〕

(2)　グラフが原点を通る右上がりの直線である。

〔　　　　　〕

(3)　グラフが双曲線である。

〔　　　　　〕

裏面に続くよ

4 右の比例と反比例のグラフの式を、次の
ア〜エの中から選びましょう。[6点×4]

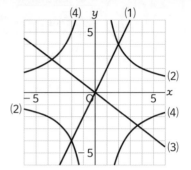

ア　$y = 2x$	イ　$y = -\dfrac{3}{4}x$
ウ　$y = \dfrac{8}{x}$	エ　$y = -\dfrac{10}{x}$

(1) 〔　　　　　〕 (2) 〔　　　　　〕 (3) 〔　　　　　〕 (4) 〔　　　　　〕

5 右の図は、1辺の長さが6cmの正方形ABCD
です。点Pは辺BC上を点Bから点Cまで動き
ます。BP＝$x$cmのときの三角形ABPの面積を
$y$cm²とします。次の問いに答えましょう。

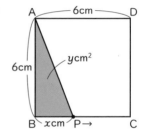

[8点×3]

(1) xとyの関係を式に表しましょう。

〔　　　　　　　　　　〕

(2) xの変域を、不等号を使って表しましょう。　〔　　　　　　　〕

(3) yの変域を、不等号を使って表しましょう。　〔　　　　　　　〕

6 面積が24cm²の三角形があります。この三角形の底辺を$x$cm、高さ
を$y$cmとするとき、次の問いに答えましょう。[8点×2]

(1) xとyの関係を式に表しましょう。

〔　　　　　　　　　　〕

(2) 高さが8cmになるとき、底辺は何cmになりますか。

〔　　　　　　　〕

何点とれた？　　〔　　　　〕点

51 線分・半直線・角

5章 平面図形

月　日

ここ
大事！

★ 直線

直線AB	線分AB	半直線AB
A ———— B	A ———— B	A ———— B
両方に限りなくのびる直線	両端のある直線	線分ABをBのほうへのばした直線

線分ABの長さを、
2点A、B間の距離
というよ。

★ 角の表し方

例　右のような角を、∠ABCと表す。
∠Bと表してもよい。

辺　頂点　辺　A　B　C

---

1 次の線を右の図にかきましょう。

やってみよう

(1) 直線AB

(2) 線分AD

(3) 半直線DC

(4) 半直線CB

A •

• D

B •

• C

---

2 右の図で、2点A、B間の距離を表しているのは、ア〜ウのどれですか。

〔　　　　　　〕

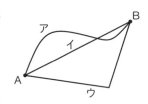

B　ア　イ　A　ウ

---

3 右の図に示したアの角とイの角を、記号∠を使って表しましょう。

アの角〔　　　　　　〕　イの角〔　　　　　　〕

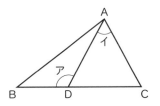

A　イ　ア　B　D　C

解答 → P.109

5 5

何問できた？　7問中　　問

52 垂直と平行

ここ大事！

★ **垂直**…2直線AB、CDが垂直

　　→　AB⊥CD

2直線が垂直であるとき、一方を他方の垂線という。

★ **平行**…2直線AB、CDが平行

　　→　AB∥CD

平行線の間の距離は一定である。

★ **点と直線との距離**

右の図で、線分PHの長さを
点Pと直線ABとの距離という。

PH⊥ABだね。

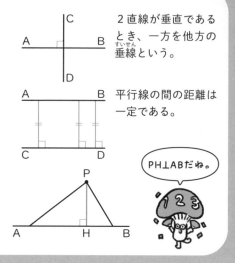

---

1 右の長方形ABCDについて、次の問いに答えましょう。

やってみよう

(1) 線分ABと垂直な線分を、記号⊥を使ってすべて表しましょう。 〔　　　　　　　〕

(2) 線分ADと平行な線分を、記号∥を使って表しましょう。〔　　　　　　〕

(3) 点Aと線分BCとの距離は何cmですか。 〔　　　　　　　〕

2 右の図で、次の点を答えましょう。

(1) 直線 ℓ までの距離が最も長い点

〔　　　　　　　〕

(2) 直線 m までの距離が最も短い点

〔　　　　　　　〕

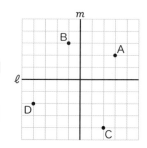

何問できた？　5問中　　問

53 平行移動

月　　日

★ 平行移動…図形を、一定の方向に、一定の長さだけ動かす移動。

例　右の図で、AA′//BB′//CC′、AA′＝BB′＝CC′、
AB//A′B′、BC//B′C′、CA//C′A′、
AB＝A′B′、BC＝B′C′、CA＝C′A′

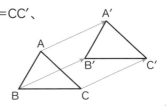

1 右の図の△A′B′C′は、△ABCを矢印AA′
の方向に、その長さだけ平行移動させた
ものです。次の問いに答えましょう。

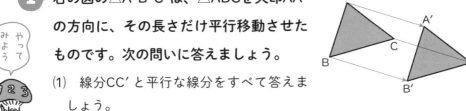

(1) 線分CC′と平行な線分をすべて答えま
しょう。

〔　　　　　　　　　　　〕

(2) 線分CC′と長さの等しい線分をすべて答えましょう。

〔　　　　　　　　　　　〕

(3) 辺BCと平行な辺を答えましょう。　　〔　　　　　　　〕

2 右の△ABCで、点Aを矢印の方向
に、その長さだけ平行移動させた
点がDです。点B、点Cも同じよう
に平行移動させ、△ABCを平行移
動させた△DEFをかきましょう。

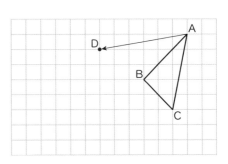

54 回転移動

月　日

★ 回転移動…図形を、1つの点Oを中心として、一定の角度だけ
回転させる移動。

例　右の図で、
OA＝OA′、OB＝OB′、OC＝OC′
∠AOA′＝∠BOB′＝∠COC′

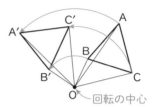
回転の中心

1 右の図の△A′B′C′は、△ABCを点Oを中心
として、反時計回りに60°だけ回転移動させ
たものです。次の問いに答えましょう。

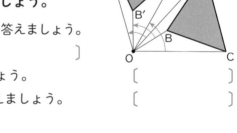

(1) 線分OAと長さの等しい線分を答えましょう。
〔　　　　　　　〕

(2) ∠BOB′の大きさを求めましょう。
〔　　　　　　　〕

(3) 辺BCと長さの等しい辺を答えましょう。
〔　　　　　　　〕

2 右の図で、△ABCを点Oを中
心として、次の角度だけ回転
移動させた三角形をかきま
しょう。

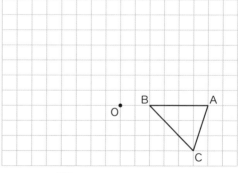

(1) 反時計回りに90°だけ回転
させた△DEF

(2) 点対称移動させた△GHI

180°の回転移動を、点対称移動というよ。

何問できた？　5問中　　問

55 対称移動

ここ大事！

★ **対称移動**…図形を、1つの直線を折り目として折り返す移動。

例　右の図で、

AP＝A′P、BQ＝B′Q、CR＝C′R

AA′⊥ℓ、BB′⊥ℓ、CC′⊥ℓ

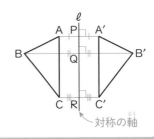

対称の軸

1 右の図の△A′B′C′は、△ABCを直線ℓを対称の軸として、対称移動させたものです。次の問いに答えましょう。

やってみよう

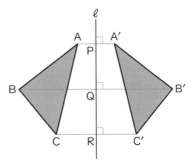

(1)　辺ABと長さの等しい辺を答えましょう。

〔　　　　　　　　　〕

(2)　直線ℓと垂直な線分を、次のア〜ウの中からすべて選び、記号で答えましょう。

ア　線分A′C′　　　イ　線分BB′　　　ウ　線分CC′　〔　　　　　　　〕

(3)　線分CRと長さの等しい線分を答えましょう。　〔　　　　　　　〕

2 右の図で、△ABCを直線ℓを対称の軸として、対称移動させた△DEFをかきましょう。

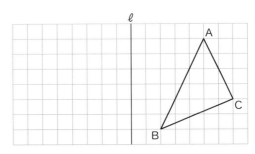

56 垂線の作図

月　日

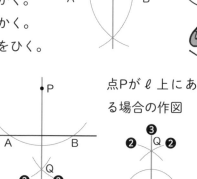

ここ
大事！

★ 垂線の作図

作図方法1

❶　直線ℓ上に適当な2点A、Bをとる。

❷　点Aを中心として半径APの円をかく。

❸　点Bを中心として半径BPの円をかく。

❹　❷、❸の2つの交点を通る直線をひく。

作図方法2

❶　点Pを中心とする円をかき、
直線ℓとの交点をA、Bとする。

❷　点A、点Bを中心として等
しい半径の円をかき、その交
点の1つをQとする。

❸　直線PQをひく。

作図は、
コンパスと
定規だけを
使うよ。

点Pがℓ上にあ
る場合の作図

1　下の図のように、直線ℓと直線ℓ上にない点Pがあります。次の方法
で垂線の作図をしましょう。

やって
みよう

(1)　上の 作図方法1

(2)　上の 作図方法2

•P

ℓ

ℓ

•P

何問できた？

2問中　　問

57 垂直二等分線の作図

月　日

ここ大事！

★ **垂直二等分線**…線分の<u>中点</u>を通り、その線分に垂直な直線。

線分を2等分する点。

作図方法

❶ 点A、点Bを中心として等しい半径の円をかき、その交点をP、Qとする。

❷ 直線PQをひく。

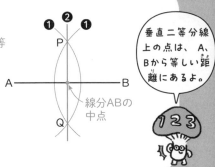

線分ABの中点

垂直二等分線上の点は、A、Bから等しい距離にあるよ。

---

1 次の(1)、(2)を作図しましょう。

やってみよう

(1) 線分ABの垂直二等分線

A —————————— B

(2) 線分CDの中点M

C ———————————— D

---

2 直線ℓ上にあって、2点A、Bから等しい距離にある点Pの作図について、次の問いに答えましょう。

(1) 〔　　　〕にあてはまることばを書きましょう。

2点A、Bから等しい距離にある点は、線分ABの〔　　　　〕上にある。

・B
A・

ℓ —————————

(2) 点Pを右の図に作図しましょう。

何問できた？　4問中　　問

58 角の二等分線の作図

★ 角の二等分線…1つの角を2等分する半直線。

作図方法

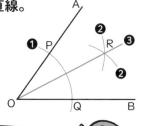

❶　角の頂点Oを中心とする円をかき、角の
　　2辺との交点をP、Qとする。

❷　点P、点Qを中心として等しい半径の円
　　をかき、その交点をRとする。

❸　半直線ORをひく。

角の二等分線上の点から角の
2辺までの距離は等しいよ。

---

1 次の図に、∠AOBの二等分線をそれぞれ作図しましょう。

(1)

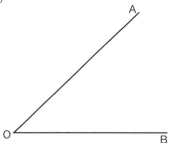

(2)

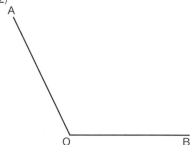

2 右の△ABCで、辺AC上にあって、2辺AB、BCから等しい距離にあ
る点Pの作図について、次の問いに答えましょう。

(1)〔　　　〕にあてはまることばを書
　　きましょう。

　　　∠ABCの〔　　　　　〕上の点から、
　　辺AB、BCまでは等しい距離にある。

(2)　点Pを右の図に作図しましょう。

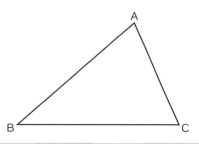

59 接線

ここ大事！

★弧と弦

●円周の一部分を弧といい、弧ABを⌢ABと表す。

●⌢ABの両端の点を結んだ線分を弦ABという。

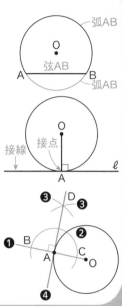

★円の接線…接点を通る半径に垂直（ℓ⊥OA）。

例　右の図で、点Aを通る円Oの接線の作図

❶ 半直線OAをひく。
❷ 点Aを中心とする円をかき、OAとの交点をB、Cとする。
❸ 点B、点Cをそれぞれ中心とする等しい半径の円をかき、その交点をDとする。
❹ 直線ADをひく。

---

1 右の円Oについて、次の問いに答えましょう。

やってみよう

(1) AからBまでの円周部分を、記号を使って表しましょう。　〔　　　　　〕

(2) 弦ABを右の図にかきましょう。

2 右の図で、点Aを通る円Oの接線を作図しましょう。

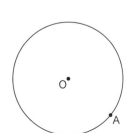
何問できた？　3問中　　問

60 おうぎ形と中心角

ここ大事！

★ **中心角**…おうぎ形で、2つの半径のつくる角。

例　右の図で、∠AOBは $\overset{\frown}{AB}$ に対する中心角。

1つの円では、おうぎ形の弧の長さや面積は中心角の大きさに比例する。

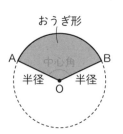

1 次のおうぎ形で、半径と中心角をそれぞれ答えましょう。

(1)

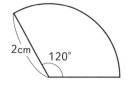

半径〔　　　　　　　〕
中心角〔　　　　　　　〕

(2)

225°
3cm

半径〔　　　　　　　〕
中心角〔　　　　　　　〕

2 右の円Oで、おうぎ形OABの中心角を2倍、3倍にしてできたおうぎ形を、それぞれおうぎ形OAC、おうぎ形OADとします。次の問いに答えましょう。

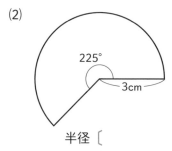

(1)　$\overset{\frown}{AC}$ の長さは $\overset{\frown}{AB}$ の長さの何倍ですか。

〔　　　　　　　〕

(2)　おうぎ形OADの面積は、おうぎ形OABの面積の何倍ですか。

〔　　　　　　　〕

何問できた？　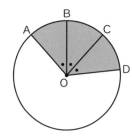　6問中　　　問

61

5章 平面図形

おうぎ形の弧の長さ

月　　日

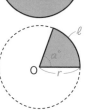

★ **円周の長さと円の面積**

$\ell = 2\pi r \quad S = \pi r^2$ （半径 r、円周の長さ ℓ、面積 S）

★ **おうぎ形の弧の長さ**

$\ell = 2\pi r \times \dfrac{a}{360}$ （半径 r、弧の長さ ℓ、中心角 $a°$）

例　半径 4 cm、中心角45°のおうぎ形の弧の長さは、

$2\pi \times 4 \times \dfrac{45}{360} = \pi$ (cm)

---

1 次の円の円周の長さと面積を求めましょう。

(1) 半径 $\dfrac{3}{2}$ cmの円

(2) 直径16cmの円

円周の長さ〔　　　　　　〕　　　円周の長さ〔　　　　　　〕

　　　面積〔　　　　　　〕　　　　　　面積〔　　　　　　〕

2 次のおうぎ形の弧の長さを求めましょう。

(1) 半径10cm、中心角72°

〔　　　　　　〕

(2) 半径12cm、中心角120°

〔　　　　　　〕

(3) 半径24cm、中心角225°

〔　　　　　　〕

72°

10cm

何問できた？  7問中　　　問

62 おうぎ形の面積

ここ大事！

★ **おうぎ形の面積**

$$S = \pi r^2 \times \frac{a}{360} \quad (半径 r、面積 S、中心角 a°)$$

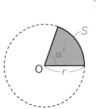

例　半径 4 cm、中心角45°のおうぎ形の面積は、

$$\pi \times 4^2 \times \frac{45}{360} = 2\pi \,(cm^2)$$

おうぎ形の弧の長さや面積の公式を使って中心角を求めることもできるよ。

★ **おうぎ形の中心角の求め方**

例　半径 3 cm、弧の長さ2π cmのおうぎ形の中心

角は、中心角を$a°$とすると、$2\pi \times 3 \times \dfrac{a}{360} = 2\pi$

これを解くと、$a = 120$　　よって、中心角は120°

---

1 次のおうぎ形の面積を求めましょう。

やってみよう

(1)　半径10cm、中心角90°

〔　　　　　　　〕

(2)　半径 6 cm、中心角120°

〔　　　　　　　〕

(3)　半径 8 cm、中心角225°

〔　　　　　　　〕

2 次のおうぎ形の中心角を求めましょう。

(1)　半径 9 cm、弧の長さ3π cm

〔　　　　　　　〕

(2)　半径 5 cm、面積10π cm²

〔　　　　　　　〕

63 確認問題5

月　　日

1 右の四角形ABCDは台形です。AB＝10cm、BC＝11cm、CD＝8cm、AD＝5cmのとき、次の問いに答えましょう。　［6点×3］

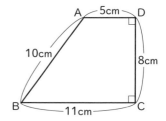

(1) 辺BCと垂直な辺を、記号⊥を使って表しましょう。

〔　　　　　　　　　　〕

(2) 辺ADと平行な辺を、記号∥を使って表しましょう。

〔　　　　　　　　　　〕

(3) 点Aと辺BCの距離は何cmですか。

〔　　　　　　　　　　〕

2 右の四角形ABCDは正方形で、点E、F、G、Hはそれぞれの辺の中点です。対角線の交点をOとするとき、次の問いに答えましょう。

［6点×3］

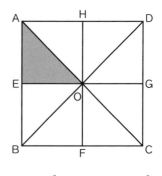

(1) △AEOを、平行移動だけで重ね合わせることができる三角形を答えましょう。

〔　　　　　　　　　　〕

(2) △AEOを、線分HFを対称の軸として対称移動させて重ね合わせることができる三角形を答えましょう。

〔　　　　　　　　　　〕

(3) △AEOを、点Oを中心として回転移動させて、△DHOに重ね合わせるには、時計回りに何度回転させればよいですか。

〔　　　　　　　　　　〕

裏面に続くよ

3 次の(1)～(4)を作図しましょう。 　　　　　　　　 [8点 × 4]

(1) △ABCで、点Aから辺BCに
ひいた垂線AH

(2) 線分ABの垂直二等分線

(3) 四角形ABCDで、∠ABCの
二等分線

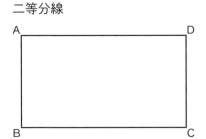

(4) 点Aを通る円Oの接線ℓ

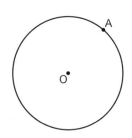

4 次のおうぎ形の弧の長さと面積を求めましょう。 　　　 [8点 × 4]

(1) 半径 6 cm、中心角150°

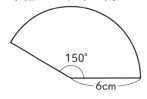

(2) 半径 4 cm、中心角225°

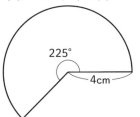

弧の長さ 〔　　　　　　〕　　　　弧の長さ 〔　　　　　　〕

面積 〔　　　　　　〕　　　　面積 〔　　　　　　〕

何点とれた？　　　　　　点

64 いろいろな立体

月　　日

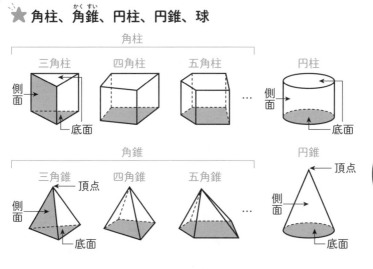

★ 角柱、角錐（かくすい）、円柱、円錐、球

角柱

三角柱　　四角柱　　五角柱　　…　円柱　　球

側面　　底面　　側面　　底面

角錐

三角錐　　四角錐　　五角錐　　…　円錐　　頂点

頂点　　側面　　底面　　側面　　底面

平面だけで囲まれた立体を多面体（ためんたい）というよ。

1 次の立体の名前を書きましょう。

(1) 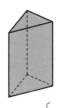 〔　　　　　〕

(2) 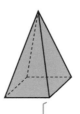 〔　　　　　〕

(3)  〔　　　　　〕

2 右の正六角錐について、次の形や数を答えましょう。

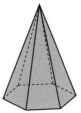

(1) 底面の形　　〔　　　　　　　〕

(2) 底面の数　　〔　　　　　　　〕

(3) 側面の形　　〔　　　　　　　〕

(4) 側面の数　　〔　　　　　　　〕

(5) 辺の数　　　〔　　　　　　　〕

何問できた？　8問中　　問

65 2直線の位置関係

★ 2直線 ℓ 、m の位置関係

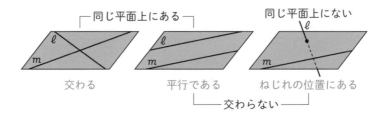

┌── 同じ平面上にある ──┐　　　同じ平面上にない

交わる　　　　　平行である　　　ねじれの位置にある

└────── 交わらない ──────┘

1 右の図の直方体で、次の(1)〜(6)の 2 直線は、「交わる」、「平行である」、「ねじれの位置にある」のうち、どの位置関係にあるか答えましょう。

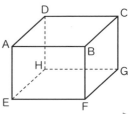

(1) 直線ADと直線BC 〔　　　　　〕

(2) 直線ADと直線AB 〔　　　　　〕

(3) 直線ADと直線BF 〔　　　　　〕

(4) 直線CGと直線EF 〔　　　　　〕

(5) 直線CGと直線AE 〔　　　　　〕

(6) 直線CGと直線FG 〔　　　　　〕

2 次の〔　　　　〕にあてはまることばを書きましょう。

(1) 2直線 ℓ と m が交わるとき、ℓ と m は同じ〔　　　　　〕上にある。

(2) 2直線 ℓ と n が平行でなく、ℓ と n が交わらないとき、同じ〔　　　　　　　〕上にない。

66 直線と平面の位置関係

月　日

ここ
大事！
123

★ 直線ℓと平面Pの位置関係

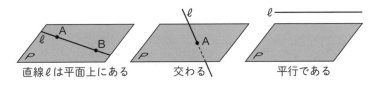

直線ℓは平面上にある　　　　交わる　　　　平行である

1 右の図の直方体で、次の(1)〜(3)の関係にある
直線をすべて答えましょう。

(1) 平面ABCD上にある直線

〔　　　　　　　　　　　〕

(2) 平面ABCDと垂直な直線

〔　　　　　　　　　　　〕

(3) 平面ABCDと平行な直線

〔　　　　　　　　　　　〕

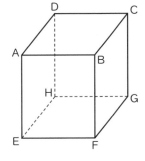

2 右の図は立方体を半分に切ってできた三角柱
です。次の(1)〜(4)の関係にある直線をすべて
答えましょう。

(1) 平面ABCと垂直な直線

〔　　　　　　　　　　　〕

(2) 平面ABCと平行な直線

〔　　　　　　　　　　　〕

(3) 平面ADEBと垂直な直線　　〔　　　　　　　　〕

(4) 平面ADEBと平行な直線　　〔　　　　　　　　〕

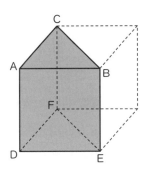

何問できた？　7問中　　問

67 2平面の位置関係

月　日

★ 2平面P、Qの位置関係

交わる

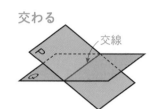

交線
P
Q

平行

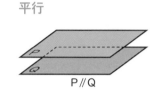

P
Q
P∥Q

∠AOB＝90°のとき、PとQは垂直であるというよ。
P
O A
Q B

123

---

1 右の図の直方体で、次の(1)～(5)にあてはまるものをすべて答えましょう。

やってみよう
123

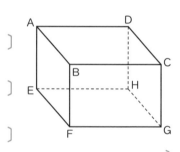

A　D
B
C
E
H
F　G

(1) 平面ABCDと平行な平面

〔　　　　　　　　　　　〕

(2) 平面ABCDと垂直な平面

〔　　　　　　　　　　　〕

(3) 平面AEFBと平行な平面

〔　　　　　　　　　　　〕

(4) 平面AEFBと垂直な平面　〔　　　　　　　　　　　〕

(5) 平面AEFBと平面BFGCが交わってできる直線　〔　　　　　　〕

2 右の図は、直方体を辺AD、FGをふくむ平面で切った立体です。次の2平面は、「交わる」、「平行である」、「垂直に交わる」のうち、どの位置関係にあるか答えましょう。

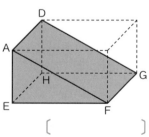

D
A
H
G
E
F

(1) 平面AEHDと平面HEFG　〔　　　　　〕

(2) 平面AEFと平面DHG　〔　　　　　〕

(3) 平面AFGDと平面HEFG　〔　　　　　〕

何問できた？　8問中　　問

68 回転体

★ 回転体…1つの直線を軸として、
平面図形を1回転させてできる立体。

● 軸とした直線を、<u>回転の軸</u>といい、
右の図の直線ℓ
側面をつくる線分を<u>母線</u>という。
右の図の線分AB

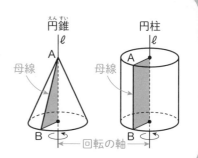

円錐　　　　円柱

母線　　　母線

回転の軸

1 次の問いに答えなさい。

(1) 長方形ABCDを、辺DCを軸として1回転させます。このときできる回転体の見取図を、右の図にかきましょう。

(2) できる立体の名前を書きましょう。

〔　　　　　　　　　〕

2 次の図形を、直線ℓを軸として1回転させると、どんな立体ができますか。

(1) 直角三角形

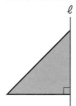

〔　　　　　　　　〕

(2) 半円

〔　　　　　　　　〕

ここ
大事！

★ 展開図

例

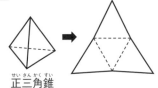

例　$2\pi \times ($底面の円の半径$) =$
$2\pi \times ($おうぎ形の円の半径$) \times \dfrac{a}{360}$

正三角錐

円錐

同じ長さ

1 次の展開図を組み立ててできる立体の名前を答えましょう。

やって
みよう

(1)

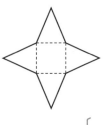

〔　　　　　〕

(2)

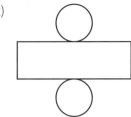

〔　　　　　〕

2 右の図は、ある立体の展開図です。次の問いに答えましょう。

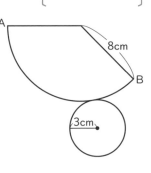

A

8cm

B

3cm

(1) この展開図を組み立ててできる立体の名前を答えましょう。

〔　　　　　〕

(2) $\overparen{AB}$ の長さを求めましょう。

〔　　　　　〕

(3) 側面のおうぎ形の中心角を求めましょう。

〔　　　　　〕

70 投影図

ここ大事！

★ 投影図

● 立面図…正面から見た図
● 平面図…真上から見た図
● 立面図と平面図をあわせて
　投影図という。

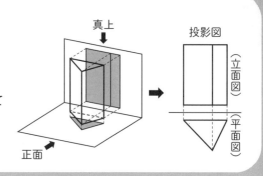

真上

投影図

（立面図）

（平面図）

正面

---

1 次の投影図が表す立体の名前を答えましょう。

やってみよう

(1)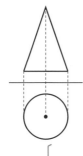

〔　　　　　〕

(2)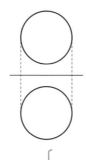

〔　　　　　〕

(3)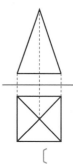

〔　　　　　〕

---

2 右の図は、底面の半径が1cm、高さが2cmの
円柱の投影図を途中までかいたものです。次の
問いに答えましょう。

(1) 立面図はどんな図形になりますか。

〔　　　　　〕

(2) 右の投影図を完成させましょう。

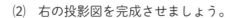
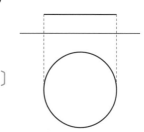

何問できた？　5問中　　問

71 角柱、円柱の体積

★ 角柱の体積

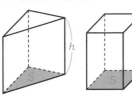

$$V = Sh$$

$$\begin{bmatrix} 底面積S、高さh、\\ 体積V \end{bmatrix}$$

★ 円柱の体積

$$V = \pi r^2 h$$

$$\begin{bmatrix} 底面の半径r、\\ 高さh、体積V \end{bmatrix}$$

---

1 右の図は、底面が底辺 6 cm、高さ 3 cmの三角形、高さが10cmの三角柱です。次の問いに答えましょう。

(1) 底面積を求めましょう。　〔　　　　　　〕

(2) 体積を求めましょう。　〔　　　　　　〕

2 右の図は、底面が半径 3 cmの円、高さが 8 cmの円柱です。次の問いに答えましょう。

(1) 底面積を求めましょう。　〔　　　　　　〕

(2) 体積を求めましょう。　〔　　　　　　〕

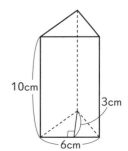

3 次の立体の体積を求めましょう。

(1) 底面が 1 辺 5 cmの正方形、高さが12cmの正四角柱

〔　　　　　　〕

(2) 底面が半径 2 cmの円、高さが 6 cmの円柱

〔　　　　　　〕

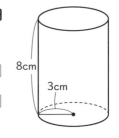

72 角錐、円錐の体積

ここ大事！

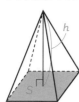

★ 角錐の体積

$V = \dfrac{1}{3}Sh$

$\left[\begin{array}{l}\text{底面積}S\text{、高さ}h\text{、}\\\text{体積}V\end{array}\right]$

★ 円錐の体積

$V = \dfrac{1}{3}\pi r^2 h$

$\left[\begin{array}{l}\text{底面の半径}r\text{、}\\\text{高さ}h\text{、体積}V\end{array}\right]$

1 右の図は、底面が1辺6cmの正方形、高さが 8cmの正四角錐です。次の問いに答えましょう。

やってみよう

(1) 底面積を求めましょう。　〔　　　　　　　〕

(2) 体積を求めましょう。　　〔　　　　　　　〕

2 右の図は、底面が半径4cmの円、高さが9cmの円 錐です。次の問いに答えましょう。

(1) 底面積を求めましょう。　〔　　　　　　　〕

(2) 体積を求めましょう。　　〔　　　　　　　〕

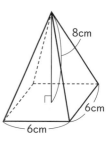

3 次の立体の体積を求めましょう。

(1) 底面が底辺4cmで高さ3cmの三角形、高さが12cmの三角錐

〔　　　　　　　〕

(2) 底面が半径2cmの円、高さが6cmの円錐

〔　　　　　　　〕

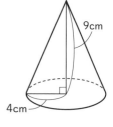

何問できた？　6問中　　　問

73 角柱の表面積

月　日

★ 角柱の表面積

（表面積）＝（側面積）＋（底面積）×2

側面全体の面積　　1つの底面の面積

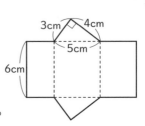

例　右の図は、三角柱の展開図で、側面は、

縦 6 cm、横 3＋5＋4＝12（cm）の長方形。

底面の三角形の周の長さと等しい

---

1 上の例の三角柱の展開図について、次の問いに答えましょう。

(1) 側面積を求めましょう。

〔　　　　　　　　〕

(2) 底面積を求めましょう。

〔　　　　　　　　〕

(3) 表面積を求めましょう。

〔　　　　　　　　〕

2 次の角柱の表面積を求めましょう。

(1) 正四角柱

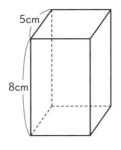

〔　　　　　　　　〕

(2) 三角柱

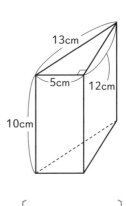

〔　　　　　　　　〕

何問できた？　5問中　　問

74 円柱の表面積

ここ大事！

★ **円柱の表面積**

（表面積）＝（側面積）＋（底面積）×2

例　右の図は、円柱の展開図で、
　　表面積Sは、

$$S = \underset{\text{（側面積）}}{2\pi rh} + \underset{\text{（底面積）}\times 2}{2\pi r^2}$$

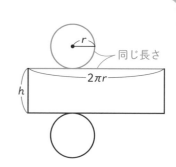

---

1 右の図は円柱の展開図です。次の
問いに答えましょう。

やってみよう

(1) 側面積を求めましょう。

〔　　　　　　〕

(2) 底面積を求めましょう。

〔　　　　　　〕

(3) 表面積を求めましょう。

〔　　　　　　〕

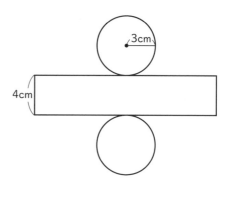

2 次の円柱の表面積を求めましょう。

(1)

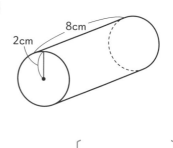

〔　　　　　　〕

(2)

〔　　　　　　〕

何問できた？　5問中　　問

75 角錐の表面積

月　日

ここ大事！

★ **角錐の表面積**

（表面積）＝（側面積）＋（底面積） ←角錐の底面は1つ

例　右の正四角錐の展開図で、

側面積…$\left(\dfrac{1}{2} \times 4 \times 4\right) \times 4 = 32 (cm^2)$ ← 4つの側面は合同な二等辺三角形

底面積…$4 \times 4 = 16 (cm^2)$

表面積…$32 + 16 = 48 (cm^2)$

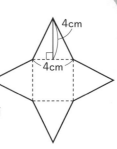

---

1 右の正四角錐の展開図について、次の問いに答えましょう。

やってみよう

(1) 側面積を求めましょう。　〔　　　　　　〕

(2) 底面積を求めましょう。　〔　　　　　　〕

(3) 表面積を求めましょう。　〔　　　　　　〕

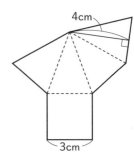

2 次の正四角錐の表面積を求めましょう。

(1)

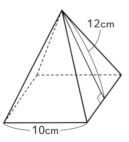

〔　　　　　　〕

(2)

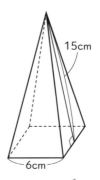

〔　　　　　　〕

何問できた？　5問中　　問

76 円錐の表面積

月　日

★ 円錐の表面積…(表面積)＝(側面積)＋(底面積)

例　右の円錐の展開図で、側面になるおうぎ形の中心角は、

$$360° \times \frac{2\pi \times 2}{2\pi \times 10} = 72°$$ おうぎ形の弧の長さ / 底面の円周の長さ

側面積…$\pi \times 10^2 \times \dfrac{72}{360} = 20\pi \,(\text{cm}^2)$

底面積…$\pi \times 2^2 = 4\pi \,(\text{cm}^2)$

表面積…$20\pi + 4\pi = 24\pi \,(\text{cm}^2)$

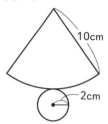

1 右の円錐の展開図について、次の問いに答えましょう。

(1) 側面のおうぎ形の中心角を求めましょう。

〔　　　　　〕

(2) 側面積を求めましょう。

〔　　　　　〕

(3) 底面積を求めましょう。　　〔　　　　　〕

(4) 表面積を求めましょう。　　〔　　　　　〕

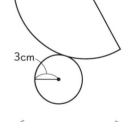

2 右の図は、底面の半径が6cm、母線の長さが15cmの円錐です。次の問いに答えましょう。

(1) 側面の展開図のおうぎ形の中心角を求めましょう。

〔　　　　　〕

(2) 表面積を求めましょう。

〔　　　　　〕

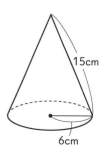

何問できた？　6問中　　問

77 球の体積と表面積

★ 球の体積と表面積

$$V = \frac{4}{3}\pi r^3 \qquad S = 4\pi r^2$$

$\left[\begin{array}{l}\text{半径}r、\text{体積}V、\\ \text{表面積}S\end{array}\right]$

---

1 次の球の体積と表面積を求めましょう。

(1) 半径 3 cmの球

体積〔　　　　　　〕

表面積〔　　　　　　〕

(2) 直径12cmの球

体積〔　　　　　　〕

表面積〔　　　　　　〕

2 次の立体の体積と表面積を求めましょう。

(1) 半径 9 cmの半球

体積〔　　　　　　〕

表面積〔　　　　　　〕

(2) 直径 8 cmの半円を、直線ℓを軸 として 1 回転させてできる立体

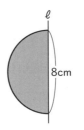

体積〔　　　　　　〕

表面積〔　　　　　　〕

何問できた？ 8問中　　問

78 確認問題6

① 右の図の直方体で、次の(1)～(7)にあてはまる
ものをすべて答えましょう。　　[4点×7]

(1)　直線ABと平行な直線

〔　　　　　　　　　　〕

(2)　直線ABと垂直な直線

〔　　　　　　　　　　〕

(3)　直線ABとねじれの位置にある直線　〔　　　　　　　　　　〕

(4)　平面ABFEと平行な直線　〔　　　　　　　　　　〕

(5)　平面ABFEと平行な平面　〔　　　　　　　　　　〕

(6)　平面ABCDと垂直な直線　〔　　　　　　　　　　〕

(7)　平面BFGCと垂直な平面　〔　　　　　　　　　　〕

② 次の(1)～(4)の立体は、どの平面図形を、直線ℓを軸として1回転させ
てできた立体と考えられますか。下のア～オから選び、記号で答えま
しょう。

[4点×4]

(1)　　　　　　(2)　　　　　　(3)　　　　　　(4)

〔　　　〕　　〔　　　〕　　〔　　　〕　　〔　　　〕

ア　　　　　　イ　　　　　　ウ　　　　　　エ　　　　　　オ

　　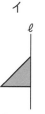　　　　

裏面に続くよ

3 次の(1)～(4)の投影図で表される立体を、下のア～カから選び、記号で答えましょう。 ［5点×4］

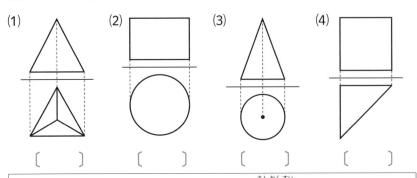

(1) [   ] (2) [   ] (3) [   ] (4) [   ]

ア　立方体　イ　三角柱　ウ　円柱　エ　三角錐　オ　円錐　カ　球

4 次の(1)～(3)の立体の体積と表面積を求めましょう。 ［6点×6］

(1)　円柱

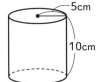

①体積

[   ]

②表面積

[   ]

(2)　正四角錐

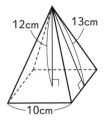

①体積

[   ]

②表面積

[   ]

(3)　球

①体積

[   ]

②表面積

[   ]

何点とれた？　　[   ] 点

79 データの分布①

月　日

ここ大事！

★ **度数分布表とヒストグラム**

● **階級の幅**…度数分布表で、整理した1つ1つの区間（階級）の幅。
● **累積度数**…最小の階級からある階級までの、度数の合計。
● **ヒストグラム、度数折れ線**
　…階級の幅を底辺、度数を高さとする長方形をすきまなく並べたグラフをヒストグラム、ヒストグラムで、それぞれの長方形の上の辺の中点を結んだ折れ線を度数折れ線という。

1 右の表は、ある学級の生徒20人の身長を調べ、度数分布表に整理したものです。

やってみよう

(1) 階級の幅は何cmですか。

〔　　　　　　　〕

(2) 度数が最も多い階級はどの階級ですか。

〔　　　　　　　〕

(3) 度数分布表の①と②にあてはまる累積度数を答えましょう。

①〔　　　　〕　②〔　　　　〕

(4) この度数分布表の一部をヒストグラムに表したのが、右の図です。続きのヒストグラムをかき、度数折れ線をかき入れます。右の図のヒストグラムと度数折れ線を完成させましょう。

身長の記録

身長（cm）	度数（人）	累積度数（人）
以上　未満		
140〜145	2	2
145〜150	3	5
150〜155	5	10
155〜160	6	①
160〜165	4	②
合計	20	

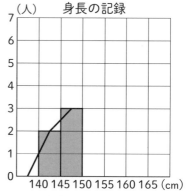

身長の記録

何問できた？　5問中　　問

80 データの分布②

月　日

★ 相対度数と累積相対度数

● 相対度数　　相対度数 ＝ $\dfrac{その階級の度数}{度数の合計}$　　←ある階級の度数の、全体に対する割合

● 累積相対度数…最小の階級からある階級までの、相対度数の合計。

例　❶の度数分布表で、5 m以上10m未満の階級の相対度数は、

$$\dfrac{2}{40} = 0.05$$

15m以上20m未満の階級の累積相対度数は、

$$0.05 + 0.20 + 0.30 = 0.55$$

1 下の表は、ある学級の生徒40人のハンドボール投げの記録を調べ、度数分布表に整理したものです。次の問いに答えましょう。

(1) 度数分布表の①～③にあてはまる相対度数を答えましょう。

ハンドボール投げの記録

記録（m）	度数（人）	累積度数（人）	相対度数	累積相対度数
以上　未満 5 ～ 10	2	2	0.05	0.05
10 ～ 15	8	10	0.20	0.25
15 ～ 20	12	22	0.30	0.55
20 ～ 25	10	32	①	④
25 ～ 30	6	38	②	⑤
30 ～ 35	2	40	③	⑥
合計	40		1.00	

① 〔　　　　　〕

② 〔　　　　　〕

③ 〔　　　　　〕

(2) 度数分布表の④～⑥にあてはまる累積相対度数を答えましょう。

④ 〔　　　　　〕　⑤ 〔　　　　　〕　⑥ 〔　　　　　〕

何問できた？　6問中　　問

81 データの分布③

ここ大事！

★ 範囲と代表値

- ●範囲（レンジ）　範囲＝最大値－最小値 ←データの散らばりぐあいを表す値
- ●階級値…度数分布表で、それぞれの階級の真ん中の値。
- ●代表値…データ全体の特徴を表す値。

　①平均値…平均値＝$\dfrac{データの値の合計}{データの個数}$

　②中央値（メジアン）…データの値を大きさの順に並べたときの中央の値。

　③最頻値（モード）…データの中で、最も多く出てくる値。

やってみよう

1 右のデータは、ある学級の生徒10人の
小テストの得点です。

| 14 | 15 | 13 | 12 | 10 | 13 |
| 13 | 19 | 18 | 15 | (点) | |

(1) 得点の範囲を求めましょう。　　　〔　　　　　〕

(2) 平均値、中央値、最頻値をそれぞれ求めましょう。

　　平均値〔　　　　〕中央値〔　　　　　〕最頻値〔　　　　〕

2 ある学級の生徒20人でゲームを行いました。右
の表は、得点を度数分布表に整理したものです。
次の問いに答えましょう。

(1) 度数分布表の①、②にあてはまる階級値を答
えましょう。

　　　　　　①〔　　　　〕②〔　　　　〕

(2) 最頻値を求めましょう。

　　　　　　　　　　　〔　　　　　〕

ゲームの得点

得点(点)	階級値(点)	度数(人)
以上　未満 0 ～ 5	2.5	3
5 ～ 10	7.5	5
10 ～ 15	①	8
15 ～ 20	②	4
合計		20

何問できた？　7問中　　問

82 確率

月　日

ここ大事！

★ **確率**…あることがらの起こりやすさの程度を表す数。

例　1枚の100円硬貨を投げて、表が出た回数を調べた。

表が出る相対度数は、$\dfrac{\text{表が出た回数}}{\text{投げた回数}}$ で求

めるので、右の表のようになる。

投げた回数が多くなるにつれて、表が出る相対度数は0.50に近づいているので、表が出る確率は、0.50と考えられる。

――― 表が出ることの、起こりやすさの程度

投げた回数	表が出た回数	相対度数
50	21	0.42
100	44	0.44
200	97	0.485
300	152	0.506…
400	201	0.5025

このことから、この硬貨を500回投げるとき、表は約250回出ると考えられる。

---

1 右の表は、あるびんのふたを投げたときの、表が出た回数と裏が出た回数をそれぞれ調べたものです。次の問いに答えましょう。

やってみよう

投げた回数	表が出た回数	裏が出た回数
200	82	118
400	161	239
600	236	364
800	313	487

(1) びんのふたを200回投げたときの、表が出る相対度数と裏が出る相対度数をそれぞれ求めましょう。

表〔　　　　　〕裏〔　　　　　〕

(2) (1)で、表と裏では、どちらが出るほうが起こりやすいといえますか。

〔　　　　　〕

(3) 表が出る相対度数は、どんな値に近づくと考えられますか。小数第2位まで求めましょう。　〔　　　　　〕

(4) このびんのふたを1000回投げるとき、表は何回出ると考えられますか。

〔　　　　　〕

何問できた？　5問中　　問

83 確認問題7

表裏 10分！

月 日

1 次のデータは、ある学級の男子20人の握力の記録です。　［4点×4］

| 27 | 32 | 38 | 43 | 34 | 36 | 24 | 30 | 41 | 35 |
| 33 | 25 | 43 | 36 | 29 | 44 | 23 | 36 | 32 | 37 | (kg) |

(1) 握力の記録の範囲を求めましょう。

〔　　　　　〕

(2) 平均値、中央値、最頻値をそれぞれ求めましょう。

平均値〔　　　　　〕

中央値〔　　　　　〕

最頻値〔　　　　　〕

2 右の表は、あるボタンを投げたときの、裏が出た回数を調べたものです。次の問いに答えましょう。

投げた回数	裏が出た回数
100	51
200	106
500	273
800	435
1000	541

［4点×3］

(1) 裏が出る相対度数は、どんな値に近づくと考えられますか。小数第2位まで求めましょう。

〔　　　　　〕

(2) 表と裏では、どちらが出るほうが起こりやすいといえますか。

〔　　　　　〕

(3) このボタンを1500回投げるとき、裏は何回出ると考えられますか。

〔　　　　　〕

裏面に続くよ

3 下の表は、ある学級の生徒40人の50m走の記録を調べ、度数分布表に整理したものです。次の問いに答えましょう。

[6点×12]

50m 走の記録

記録(秒)	度数(人)	累積度数(人)	相対度数	累積相対度数
以上 未満 7.0～7.5	4	4	0.10	0.10
7.5～8.0	8	12	③	0.30
8.0～8.5	12	①	0.30	⑥
8.5～9.0	10	②	④	⑦
9.0～9.5	4	38	0.10	⑧
9.5～10.0	2	40	⑤	1.00
合計	40		1.00	

(1) 階級の幅を答えましょう。　　　　　　　　　　〔　　　　　　　〕

(2) 度数分布表の①～⑧にあてはまる数を答えましょう。

① 〔　　　　　〕 ② 〔　　　　　〕 ③ 〔　　　　　〕 ④ 〔　　　　　〕
⑤ 〔　　　　　〕 ⑥ 〔　　　　　〕 ⑦ 〔　　　　　〕 ⑧ 〔　　　　　〕

(3) 最頻値を求めましょう。

〔　　　　　　　〕

(4) この度数分布表をもとにして、ヒストグラムを右の図に表しましょう。

(5) (4)のヒストグラムに度数折れ線をかき入れましょう。

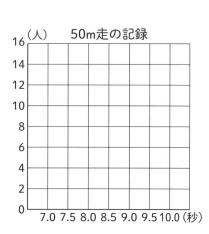

1 次の計算をしましょう。 ［5点×4］

(1)　$6 \times (-7)$

(2)　$(-25) \div 5$

〔　　　　　　　〕　　　　　　　　〔　　　　　　　〕

(3)　$(-4) + 2 - (-5)$

(4)　$(-8) \div \dfrac{10}{7} \times \left(-\dfrac{3}{14}\right)$

〔　　　　　　　〕　　　　　　　　〔　　　　　　　〕

2 $x = -4$、$y = 3$ のとき、次の式の値を求めましょう。 ［5点×4］

(1)　$5x + 7y$

(2)　$-3(2x - y)$

〔　　　　　　　〕　　　　　　　　〔　　　　　　　〕

(3)　$\dfrac{3x - 8y}{4}$

(4)　$3x^2 - 9y$

〔　　　　　　　〕　　　　　　　　〔　　　　　　　〕

3 次の x と y の関係を式に表しましょう。 ［5点×2］

(1)　y は x に比例し、$x = -4$ のとき $y = -24$ です。

〔　　　　　　　〕

(2)　y は x に反比例し、$x = 3$ のとき $y = -5$ です。

〔　　　　　　　〕

裏面に続くよ

4 次の図を作図しましょう。 ［6点×2］

(1) ∠AOBの二等分線

(2) 線分ABの垂直二等分線

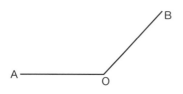

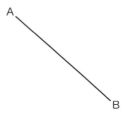

5 右の図のような△ABCを、辺ACを軸として1回転
させてできる立体について、次の問いに答えましょ
う。 ［8点×2］

(1) 体積を求めましょう。 〔　　　　　　〕

(2) 表面積を求めましょう。 〔　　　　　　〕

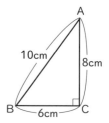

6 何人かの子どもにチョコレートを同じ数ずつ分けます。1人に5個
ずつ分けると12個たりません。また、1人に4個ずつ分けると6個余
ります。子どもの人数とチョコレートの数を求めましょう。 ［10点］

子ども〔　　　　　　〕 チョコレート〔　　　　　　〕

7 右の表は、ある学級の生徒20人の通学時間を調べ、
度数分布表に整理したものです。次の問いに答え
ましょう。 ［6点×2］

(1) 最頻値を求めましょう。 〔　　　　　　〕

(2) 15分以上20分未満の階級の累積相対度数を求め
ましょう。

〔　　　　　　〕

通学時間

通学時間(分)	度数(人)
以上　未満 0 ～ 5	2
5 ～ 10	3
10 ～ 15	4
15 ～ 20	8
20 ～ 25	3
合計	20

何点とれた？　　　　点

1 次の計算をしましょう。　　　　　　　　　　　　　[4点×4]

(1)　$2-(-9)$

(2)　$(-18)\div\left(-\dfrac{9}{5}\right)$

〔　　　　　〕　　　　　　　　〔　　　　　〕

(3)　$\dfrac{4}{15}\times(-3)^2\div\dfrac{6}{7}$

(4)　$36\div(6-10)-2^3$

〔　　　　　〕　　　　　　　　〔　　　　　〕

2 次の計算をしましょう。　　　　　　　　　　　　　[5点×4]

(1)　$6a-8+3a$

(2)　$(2x+5)-(4x-6)$

〔　　　　　〕　　　　　　　　〔　　　　　〕

(3)　$3(x-6)+2(7x-1)$

(4)　$\dfrac{3a-5}{10}-\dfrac{a+4}{5}$

〔　　　　　〕　　　　　　　　〔　　　　　〕

3 次の方程式を解きましょう。　　　　　　　　　　　[5点×4]

(1)　$4x+1=13$

(2)　$-2(x-1)=6(x+3)$

〔　　　　　〕　　　　　　　　〔　　　　　〕

(3)　$0.7x-1.6=1.2x+0.9$

(4)　$\dfrac{x+1}{2}=\dfrac{2x-3}{3}$

〔　　　　　〕　　　　　　　　〔　　　　　〕

裏面に続くよ

4 右の(1)と(2)の比例と反比例のグラフについて、x と y の関係を式に表しましょう。［5点×2］

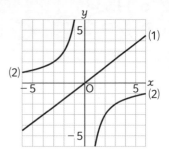

(1) 〔　　　　　　　〕

(2) 〔　　　　　　　〕

5 右の図の三角柱について、次にあてはまる辺を答えましょう。　［5点×2］

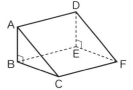

(1) 辺BEと垂直に交わる辺　〔　　　　　　〕

(2) 辺DEとねじれの位置にある辺〔　　　　　〕

6 次の投影図で示された球の体積と表面積を求めましょう。　［6点×2］

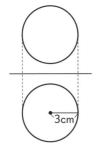

3cm

体積〔　　　　　　〕　表面積〔　　　　　　〕

7 右の表は、あるメダルを投げたときの、表が出た回数を調べたものです。次の問いに答えましょう。［6点×2］

投げた回数	表が出た回数
100	53
200	103
300	154
400	205

(1) 表が出る相対度数は、どんな値に近づくと考えられますか。小数第2位まで求めましょう。

〔　　　　　　　〕

(2) 表と裏では、どちらが出るほうが起こりやすいといえますか。

〔　　　　　　　〕

何点とれた？　〔　　　　〕点

解答編

1章 正の数と負の数

① 正の数・負の数・自然数

1 (1) ＋4　(2) −9　(3) ＋2.5
(4) −6.7

2 (1) −300円　(2) −7km
(3) −6cm長い　(4) ＋10kg軽い

解き方

1 (1)(3) 0より大きい数は、正の符号(＋)をつけて
表す。
(2)(4) 0より小さい数は、負の符号(−)をつけて
表す。

2 反対の性質をもつ量は、符号を変えて表すことが
できる。
(1) 「支出」は「収入」の反対の意味を表すので、
「−」を使って表す。
(3) 「短い」の反対の意味の「長い」に変えるので、
6cmに「−」をつけて表す。

② 絶対値と数の大小

1 (1) 6　(2) 3　(3) 8.5
(4) $\dfrac{1}{5}$

2 (1) ＋4、−4　(2) ＋10、−10

3 (1) −8 < ＋3　(2) −15 < −9
(3) −7 < 0 < ＋5

解き方

1 「＋」や「−」の符号をとったものが絶対値になる。

2 (1) 絶対値が4である数は、数直線上で0から4の
距離にある。

```
       距離4        距離4
 ├─────────┼─────────┤
−4        0        ＋4
 └───────────────────┘
      絶対値は−4と＋4
```

3 (1) 正の数は負の数より大きいので、−8 < ＋3と
なる。
(2) 負の数は、絶対値が大きいほど小さい。
9 < 15より、−15 < −9となる。
(3) 正の数は0より大きく、負の数は0より小さい。
→ (負の数) < 0 < (正の数)

③ 加法

1 (1) ＋7　(2) −15　(3) −6
(4) 0　(5) −10　(6) −12
(7) −11　(8) −8

解き方

1 (1) $(＋2) + (＋5)$　(3) $(＋8) + (−14)$
　　 $= ＋(2 + 5)$　　　 $= −(14 − 8)$
　　 $= ＋7$　　　　　　 $= −6$
(4) 絶対値が等しい　(7) $(−10) + (＋4) + (−5)$
異符号の2数の和　　 $= (＋4) + (−10) + (−5)$
は0である。　　　　 $= (＋4) + \{(−10) + (−5)\}$
すなわち、　　　　　 $= (＋4) + (−15)$
$(−7) + (＋7) = 0$　　 $= −11$
(8) $(＋9) + (−8) + (＋11) + (−20)$
　　 $= (＋9) + (＋11) + (−8) + (−20)$
　　 $= \{(＋9) + (＋11)\} + \{(−8) + (−20)\}$
　　 $= (＋20) + (−28)$
　　 $= −8$

④ 減法

1 (1) −4　(2) ＋3　(3) ＋18
(4) −15　(5) −9　(6) −16
(7) 0　(8) 0　(9) −9
(10) −12　(11) ＋21

解き方

1 ひく数の符号を変えて、加法になおす。
(1) $(＋6) − (＋10)$　(2) $(−2) − (−5)$
　　 $= (＋6) + (−10)$　　 $= (−2) + (＋5)$
　　 $= −4$　　　　　　 $= ＋3$
(5) $0 − (＋9)$　　　 (9) $(−12) − (−3)$
　　 $= 0 + (−9)$　　　 $= (−12) + (＋3)$
　　 $= −9$　　　　　　 $= −9$

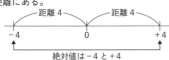
ここも大事！
符号の変化

符号は次のように変化する。
$−(＋●) → ＋(−●)$　　　 $−(−●) → ＋(＋●)$

5 加法と減法①

1 (1) $+5$、-12、-9
   (2) -4、$+3$、-8
2 (1) -12 (2) 10 (3) -8
   (4) 7

解き方

1 項を書く問題では、加法だけの式になおして、符号のついた数を答える。
(1) $5-12-9=\underbrace{(+5)}_{項}+\underbrace{(-12)}_{項}+\underbrace{(-9)}_{項}$

2 かっこをはずし、同じ符号の項を集めて計算する。
(1) $-7+(-6)-1+2$ (2) $9-(-5)+2+(-6)$
   $=-7-6-1+2$ $=9+5+2-6$
   $=-14+2$ $=16-6$
   $=-12$ $=10$

(3) $-11+(-8)-(-4)+7$
   $=-11-8+4+7$
   $=-19+11$
   $=-8$

6 加法と減法②

1 (1) 2.2 (2) -1.9 (3) 8.2
   (4) 1.3 (5) $-\dfrac{1}{4}$ (6) $\dfrac{11}{18}$
   (7) $\dfrac{8}{9}$ (8) $-\dfrac{1}{2}$

解き方

1 (3) $-(-6.1)+7.8+(-5.7)=6.1+7.8-5.7$
        $=13.9-5.7$
        $=8.2$
(4) $2.6+(-5.8)-(-3.1)+1.4=2.6-5.8+3.1+1.4$
   $=2.6+3.1+1.4-5.8$
   $=7.1-5.8$
   $=1.3$
(5) $\dfrac{1}{2}-\dfrac{3}{4}$ (8) $1-\dfrac{3}{4}-\left(-\dfrac{1}{6}\right)-\left(+\dfrac{11}{12}\right)$
   $=\dfrac{2}{4}-\dfrac{3}{4}$ $=1-\dfrac{3}{4}+\dfrac{1}{6}-\dfrac{11}{12}$
   $=-\dfrac{1}{4}$ $=\dfrac{12}{12}-\dfrac{9}{12}+\dfrac{2}{12}-\dfrac{11}{12}$
              $=\dfrac{14}{12}-\dfrac{20}{12}=-\dfrac{6}{12}=-\dfrac{1}{2}$

7 乗法①

1 (1) 8 (2) 30 (3) -21
   (4) -10 (5) 1.8 (6) $-\dfrac{1}{8}$
   (7) 96 (8) -540

解き方

1 負の数の個数で積の符号を決める。
偶数個→+、奇数個→−
(2) $(-6)\times(-5)$ (3) $(+7)\times(-3)$
   $=+(6\times5)$ $=-(7\times3)$
   $=30$ $=-21$

(5) $(-4.5)\times(-0.4)$ (6) $\dfrac{7}{12}\times\left(-\dfrac{3}{14}\right)$
   $=+(4.5\times0.4)$ $=-\left(\dfrac{7}{12}\times\dfrac{3}{14}\right)$
   $=1.8$
                  $=-\dfrac{1}{8}$

(8) $(-2)\times(-9)\times5\times(-6)=-(2\times9\times5\times6)$
                  $=-540$

> **ここも大事!** 🍄 **乗法の交換法則と結合法則**
>
> 交換法則…$a\times b=b\times a$
> 結合法則…$(a\times b)\times c=a\times(b\times c)$
> **1** (8)は、$-(2\times9\times5\times6)=-(2\times5\times9\times6)$
> $=-(10\times54)=-540$
> とすると計算しやすいね。

8 乗法②

1 (1) 8 (2) 16 (3) -49
   (4) -216 (5) 0.64 (6) $\dfrac{1}{27}$
   (7) 250 (8) -576

解き方

1 (2) $(-4)^2=(-4)\times(-4)=16$
(3) $-7^2=-(7\times7)=-49$
(5) $(-0.8)^2=(-0.8)\times(-0.8)=0.64$
(6) $\left(\dfrac{1}{3}\right)^3=\dfrac{1}{3}\times\dfrac{1}{3}\times\dfrac{1}{3}=\dfrac{1}{27}$
(7) $(-2)\times(-5^3)=(-2)\times\{-(5\times5\times5)\}$
           $=(-2)\times(-125)$
           $=250$

(8) $(-8)^2 \times (-3^2)$
$= \{(-8) \times (-8)\} \times \{-(3 \times 3)\}$
$= 64 \times (-9)$
$= -576$

① (3) × $-7^2 = (-7) \times (-7) = 49$
-7^2 は、7^2 に負の符号をつけたものだから、$-(7 \times 7) = -49$ となる。

⑨ 除法①

① (1) 2 　　(2) 3 　　(3) -4
　　(4) -3 　　(5) -5 　　(6) 0.7
　　(7) -6 　　(8) 0

解き方

① (2) $(-9) \div (-3)$ 　　(3) $(+16) \div (-4)$
　　 $= +(9 \div 3)$ 　　　　　 $= -(16 \div 4)$
　　 $= 3$ 　　　　　　　　　 $= -4$
　(6) $(-4.2) \div (-6)$ 　　(7) $(-5.4) \div 0.9$
　　 $= +(4.2 \div 6)$ 　　　　 $= -(5.4 \div 0.9)$
　　 $= 0.7$ 　　　　　　　　 $= -6$
　(8) $0 \div (-7) = 0$

ここも大事！

0をわる除法

①(8) 0を0以外のどんな数でわっても、商は0になる。

⑩ 除法②

① (1) $-\dfrac{4}{3}$ 　　(2) -7 　　(3) $-\dfrac{1}{8}$

② (1) $-\dfrac{3}{10}$ 　　(2) $-\dfrac{7}{6}$ 　　(3) $\dfrac{15}{8}$

　　(4) $\dfrac{3}{4}$ 　　(5) $-\dfrac{9}{5}$ 　　(6) $-\dfrac{20}{3}$

解き方

① 負の符号のままで、分母と分子を入れかえる。
　(3) $-8 = -\dfrac{8}{1} \rightarrow -\dfrac{8}{1}$ の逆数は、$-\dfrac{1}{8}$

やりがち
ミス！ $-\dfrac{3}{4}$ の逆数を、符号まで逆にして $+\dfrac{4}{3}$ としないように注意。負の数の逆数は負の数。

② わる数を逆数にしてかける。

(1) $\left(-\dfrac{1}{5}\right) \div \dfrac{2}{3}$ 　　　(3) $\left(-\dfrac{5}{6}\right) \div \left(-\dfrac{4}{9}\right)$

$= -\left(\dfrac{1}{5} \times \dfrac{3}{2}\right)$ 　　　$= +\left(\dfrac{5}{6} \times \dfrac{9}{4}\right)$

$= -\dfrac{3}{10}$ 　　　　　　$= \dfrac{15}{8}$

(5) $\dfrac{9}{10} \div \left(-\dfrac{1}{2}\right)$ 　　(6) $12 \div \left(-\dfrac{9}{5}\right)$

$= -\left(\dfrac{9}{10} \times \dfrac{2}{1}\right)$ 　　$= -\left(\dfrac{12}{1} \times \dfrac{5}{9}\right)$

$= -\dfrac{9}{5}$ 　　　　　　$= -\dfrac{20}{3}$

⑪ 乗法と除法

① (1) $\dfrac{35}{4}$ 　　(2) 20 　　(3) $-\dfrac{9}{8}$

　　(4) $-\dfrac{1}{9}$ 　　(5) $-\dfrac{7}{3}$ 　　(6) $\dfrac{30}{7}$

解き方

① 乗法だけの式になおしてから計算する。

(1) $3 \div \left(-\dfrac{12}{5}\right) \times (-7) = 3 \times \left(-\dfrac{5}{12}\right) \times (-7)$

$= +\left(3 \times \dfrac{5}{12} \times 7\right)$

$= \dfrac{35}{4}$

(4) $\left(-\dfrac{14}{9}\right) \div \left(-\dfrac{7}{3}\right) \div (-6)$

$= \left(-\dfrac{14}{9}\right) \times \left(-\dfrac{3}{7}\right) \times \left(-\dfrac{1}{6}\right)$

$= -\left(\dfrac{14}{9} \times \dfrac{3}{7} \times \dfrac{1}{6}\right)$

$= -\dfrac{1}{9}$

(5) $(-2)^2 \times 7 \div (-12) = 4 \times 7 \times \left(-\dfrac{1}{12}\right)$

$= -\left(4 \times 7 \times \dfrac{1}{12}\right)$

$= -\dfrac{7}{3}$

12 四則の混じった計算

1 (1) -1　(2) -3　(3) 17
(4) -36　(5) 11　(6) -500

解き方

1 (1) $5+(-3)\times2=5+(-6)=-1$
(3) $13+(-8)^2\div(11+5)=13+64\div16=13+4$
$\qquad\qquad\qquad\qquad\qquad\qquad\qquad =17$
(4) $6\times(-2)^3-(3-15)=6\times(-8)-(-12)$
$\qquad\qquad\qquad\qquad\quad =-48-(-12)$
$\qquad\qquad\qquad\qquad\quad =-36$
(5) $\left(\dfrac{5}{3}-\dfrac{3}{4}\right)\times12=\dfrac{5}{3}\times12-\dfrac{3}{4}\times12=20-9=11$
(6) $25\times(-11)+25\times(-9)$
$\quad =25\times\{(-11)+(-9)\}$
$\quad =25\times(-20)$
$\quad =-500$

やりがち
ミス！

1 (1)　左から、$5+(-3)\times2=2\times2=4$
と計算しないように注意する。

ここも大事！

分配法則の利用

1 (6)　$a\times b+a\times c$の式なので、分配法則を利用
して$a\times(b+c)$とすると計算しやすい。

13 素数と素因数分解

1 3、11、17、29、31
2 (1) $2\times3\times7$　(2) $2^2\times3\times5$
(3) $2\times3^2\times7$　(4) $2\times5\times13$
(5) $3^2\times5\times7$　(6) $2^3\times3^2\times5$

解き方

2 小さい素数から順にわっていく。

```
(1) 2)42      (2) 2)60      (3) 2)126
   3)21         2)30         3) 63
     7          3)15         3) 21
                  5            7

(4) 2)130     (5) 3)315     (6) 2)360
   5) 65        3)105         2)180
     13         5) 35         2) 90
                  7           3) 45
                              3) 15
                                 5
```

やりがち
ミス！

商が素数になるまでわっていこう。

×　$60=2^2\times15$
○　$60=2^2\times\underline{3\times5}$

14 正の数・負の数の利用

1 (1) 1分　(2) 21分
2 (1) ア -2　イ -5　ウ 0
　エ $+6$
(2) 80.4点

解き方

1 (1) $\{(-3)+(+6)+(+2)+(-1)\}\div4=4\div4$
$\qquad =1$(分)
(2)　20分を基準にしているので、$20+1=21$(分)
2 (1)　80点を基準にしているので、
　ア…$78-80=-2$　イ…$75-80=-5$
　ウ…$80-80=0$　　エ…$86-80=+6$
(2)　基準との差の平均は、
　$\{(+3)+(-2)+(-5)+0+(+6)\}\div5=2\div5=$
　0.4(点)
　　よって、得点の平均は、$80+0.4=80.4$(点)

やりがち
ミス！

2 (2)　基準との差の平均を求めたら、
基準とたすのを忘れないように。
(平均)=(基準)+(基準との差の平均)

15 確認問題1

1 (1) 5m短い
(2) -2、-1、0、1、2
(3) $-10<-1<+4$
(4) $2^2\times5\times11$
2 (1) -2　(2) -8　(3) -63
(4) 37　(5) -9　(6) 56
3 (1) -4　(2) -3
(3) $\dfrac{9}{8}$　(4) $\dfrac{3}{35}$
(5) 5　(6) -11　(7) 14
(8) -190
4 (1) 24℃　(2) 21.2℃

❶ (3) （負の数）＜（正の数）より、＋4がいちばん大きい。

また、負の数は絶対値が大きいほど小さいから、−10＜−1となる。

❷ (4) $(-7.4) \times (-5) = +(7.4 \times 5) = 37$

(6) $(-21) \div \left(-\dfrac{3}{8}\right) = +\left(21 \times \dfrac{8}{3}\right) = 56$

❸ (3) $(-6) \times \dfrac{5}{12} \div \left(-\dfrac{20}{9}\right) = +\left(6 \times \dfrac{5}{12} \times \dfrac{9}{20}\right) = \dfrac{9}{8}$

(4) $\dfrac{8}{7} \div (-2^2) \times \left(-\dfrac{3}{10}\right) = \dfrac{8}{7} \div (-4) \times \left(-\dfrac{3}{10}\right)$

$\qquad = \dfrac{8}{7} \times \left(-\dfrac{1}{4}\right) \times \left(-\dfrac{3}{10}\right)$

$\qquad = +\left(\dfrac{8}{7} \times \dfrac{1}{4} \times \dfrac{3}{10}\right)$

$\qquad = \dfrac{3}{35}$

(5) $(-30) \div (7-13) = (-30) \div (-6) = 5$

(6) $6^2 - 4 \times 5 + (-3)^3 = 36 - 4 \times 5 + (-27)$

$\qquad = 36 - 20 + (-27)$

$\qquad = -11$

(7) $15 \times \left(\dfrac{8}{5} - \dfrac{2}{3}\right) = 15 \times \dfrac{8}{5} - 15 \times \dfrac{2}{3} = 24 - 10 = 14$

(8) $19 \times (-4) + 19 \times (-6) = 19 \times \{(-4) + (-6)\}$

$\qquad = 19 \times (-10)$

$\qquad = -190$

❹ (1) 20℃を基準にしたときの基準との差が＋4℃だから、$20 + 4 = 24$（℃）

(2) 基準との差の平均は、

$\{(+4) + (+3) + (-2) + (-1) + (+2)\} \div 5$

$= 6 \div 5 = 1.2$（℃）

よって、最高気温の平均は、$20 + 1.2 = 21.2$（℃）

2章 文字を用いた式

16 文字式の表し方（積と商）

❶ (1) xy　　(2) $4mn$　　(3) $-3a+b$

(4) $x - 0.1y$　　(5) $-2a^3$

(6) $5x^2 + 7y$　　(7) $\dfrac{p}{q}$

(8) $\dfrac{x+y}{6}$　　(9) $\dfrac{3ab}{2}$

(10) $4x + \dfrac{y}{3}$　　(11) $m^2 - \dfrac{a}{b}$

(12) $\dfrac{a-b}{2} + c^2 d$

❶ 数は文字の前に書き、文字はふつうアルファベット順に書く。

(4) 1ははぶくが、0.1の1は省略しない。

(7) 除法は、わる数（式）を分母、わられる数（式）を分子とする分数の形で表す。

(8) （　　）のついた式全体が分母や分子になるときは、（　　）をとる。

(9) $3 \times a \div 2 \times b = 3a \div 2 \times b = \dfrac{3a}{2} \times b = \dfrac{3ab}{2}$

17 文字式の表し方（数量）

❶ (1) $150n$円　　(2) $\dfrac{x}{3}$km/h

(3) $5x + 7y$（kg）

(4) $\dfrac{a}{4}$cm　$\left(\dfrac{1}{4}a\,\text{cmも可}\right)$

(5) $\dfrac{1}{2}xy\,\text{cm}^2$　$\left(\dfrac{xy}{2}\,\text{cm}^2\text{も可}\right)$

(6) $x + 0.001y$（kg）

（$1000x + y$（g）も可）

(7) $5p$（人）

❶ ことばの式に文字や数をあてはめ、×や÷の記号をはぶいて表す。

(1) （代金）＝（1本の値段）×（本数）

(2) （速さ）＝（道のり）÷（時間）

(3) 荷物の重さの合計は、A5個の重さにB7個の重さを加えて、$x \times 5 + y \times 7 = 5x + 7y$（kg）

(4) （正方形の1辺の長さ）＝（周の長さ）÷4

(5) （三角形の面積）＝$\dfrac{1}{2} \times$（底辺）×（高さ）

(6) 砂糖の重さをkgの単位で表すと、

$yg = 0.001y\,\text{kg}$

全体の重さをkgで表すと、$x + 0.001y$（kg）

空のびんの重さをgの単位で表すと、

$x\,\text{kg} = 1000x\,\text{g}$

全体の重さをgで表し、$1000x + y$（g）と答えてもよい。

(7) （欠席した人数）＝（全生徒数）×$\dfrac{p}{100}$

18 式の値

① (1) 19　(2) 25　(3) 5

② (1) 33　(2) −8　(3) 12

③ (1) 0　(2) 16　(3) 9

解き方

① 式の中の文字aに5をあてはめて計算する。

(1) $3a+4=3\times5+4=15+4=19$

(2) $a^2=5^2=25$

(3) $\dfrac{25}{a}=25\div a=25\div5=5$

② 負の数は、かっこをつけて代入する。

(1) $-5x+13=-5\times(-4)+13=20+13=33$

(2) $\dfrac{1}{2}x-6=\dfrac{1}{2}\times(-4)-6=-2-6=-8$

(3) $2x^2+5x=2\times(-4)^2+5\times(-4)=32-20=12$

③ (1) $2x+3y=2\times3+3\times(-2)=6-6=0$

(2) $-4xy-2y^2=-4\times3\times(-2)-2\times(-2)^2$
$=24-2\times4=24-8=16$

(3) $(x+3y)^2=\{3+3\times(-2)\}^2=(3-6)^2=(-3)^2=9$

やりがち ミス！　文字が2つある式の値は、代入する文字の値をとりちがえないようにしよう。

19 項・係数・1次式

① (1) 項…$2x$、$5y$　係数…2、5

(2) 項…x、$-\dfrac{1}{4}y$　係数…1、$-\dfrac{1}{4}$

(3) 項…$4a^2$、$-a$　係数…4、-1

② ア、ウ、カ

解き方

① まず、式を加法だけの式になおす。

(3) $4a^2-a=4a^2+(-1)\times a$

だから、a^2の係数は4、aの係数は-1

② 1次の項だけか、1次の項と数の項の和でできているのが1次式である。

イ　$x^2=x\times x$より、文字が2つの項であるから1次式ではない。

オ　数の項だけなので、1次式ではない。

20 加法と減法①

① (1) $9x$　(2) $-9a$　(3) $14y$

(4) $-4x$　(5) $3.9y$　(6) $-\dfrac{1}{6}a$

② (1) $8a+6$　(2) $-2x+2$

(3) -6　(4) $7b-1$

(5) $1.8y-1.5$　(6) $-\dfrac{1}{4}a-7$

解き方

① 文字の項をまとめるときは、係数どうしを計算して、文字の前に書く。

(1) $7x+2x=(7+2)x=9x$

(2) $a-10a=(1-10)a=-9a$

(4) $9x-8x-5x=(9-8-5)x=-4x$

(6) $\dfrac{2}{3}a-\dfrac{5}{6}a=\left(\dfrac{2}{3}-\dfrac{5}{6}\right)a=\left(\dfrac{4}{6}-\dfrac{5}{6}\right)a=-\dfrac{1}{6}a$

② 文字の項どうし、数の項どうしをそれぞれまとめる。

(1) $3a+4+5a+2=3a+5a+4+2=8a+6$

(3) $-6y-8+6y+2=-6y+6y-8+2=-6$

(5) $-y+3.7-5.2+2.8y=-y+2.8y+3.7-5.2$
$=1.8y-1.5$

(6) $\dfrac{3}{8}a-9-\dfrac{5}{8}a+2=\dfrac{3}{8}a-\dfrac{5}{8}a-9+2$
$=-\dfrac{2}{8}a-7=-\dfrac{1}{4}a-7$

21 加法と減法②

① (1) $5a+7$　(2) $-2y+3$

(3) $-x-1$　(4) $a+3$

② (1) $-6x-9$　(2) $3a+13$

(3) $-7x+1$

解き方

① 加法はそのままかっこをはずし、項をまとめて簡単にする。減法はひく式の各項の符号を変えて加える。

(1) $(2a+3)+(3a+4)$
$=2a+3+3a+4$
$=2a+3a+3+4$
$=5a+7$

(2) $(-6y+4)+(4y-1)$
$=-6y+4+4y-1$
$=-6y+4y+4-1$
$=-2y+3$

(3) $(8x+2)-(9x+3)$
$=8x+2-9x-3$
$=8x-9x+2-3$
$=-x-1$

(4) $(7a-4)-(6a-7)$
$=7a-4-6a+7$
$=7a-6a-4+7$
$=a+3$

22 乗法と除法①

1 (1) $32a$　　(2) $5x$　　(3) $-16a$

　(4) $-7x$　　(5) $\dfrac{1}{18}a$　　(6) $-4x$

2 (1) $-10a-45$　　(2) $4x-28$

　(3) $20x-9$　　(4) $3a+5$

　(5) $-2y+3$　　(6) $-5x+15$

解き方

1 (2) $(-x)\times(-5)$
$=-1\times(-5)\times x$
$=5x$

　(6) $6x\div\left(-\dfrac{3}{2}\right)$
$=6\times\left(-\dfrac{2}{3}\right)\times x$
$=-4x$

2 (1) $-5(2a+9)$
$=-5\times2a-5\times9$
$=-10a-45$

　(3) $\left(\dfrac{5}{6}x-\dfrac{3}{8}\right)\times24$
$=\dfrac{5}{6}x\times24-\dfrac{3}{8}\times24$
$=20x-9$

　(4) $(21a+35)\div7$
$=\dfrac{21a}{7}+\dfrac{35}{7}$
$=3a+5$

　(6) $(2x-6)\div\left(-\dfrac{2}{5}\right)$
$=(2x-6)\times\left(-\dfrac{5}{2}\right)$
$=-5x+15$

23 乗法と除法②

1 (1) $2x-2$　　(2) $-15a+9$

　(3) $6x-9$　　(4) $12a-2$

　(5) $6a+13$　　(6) $36x-19$

2 (1) $22a-2$　　(2) $-x-3$

　(3) $15x-2$　　(4) $-a-2$

解き方

1 (1) $4\times\dfrac{x-1}{2}$
$=2(x-1)$
$=2x-2$

　(3) $\dfrac{3}{4}(8x-12)$
$=\dfrac{3}{4}\times8x+\dfrac{3}{4}\times(-12)$
$=6x-9$

　(4) $6a+2(3a-1)$
$=6a+6a-2$
$=12a-2$

　(6) $7(6x-5)-2(3x-8)$
$=42x-35-6x+16$
$=36x-19$

2 (1) $6\left(a+\dfrac{1}{3}\right)+8\left(2a-\dfrac{1}{2}\right)$
$=6a+2+16a-4$
$=22a-2$

　(2) $\dfrac{1}{3}(6x+9)-\dfrac{3}{2}(2x+4)$

$=2x+3-3x-6$
$=-x-3$

　(3) $\dfrac{3x+1}{2}\times8+\dfrac{x-2}{3}\times9$

$=\dfrac{(3x+1)\times8}{2}+\dfrac{(x-2)\times9}{3}$

$=(3x+1)\times4+(x-2)\times3$
$=12x+4+3x-6$
$=15x-2$

24 関係を表す式①

1 (1) $5x+3=48$　　(2) $a-20=b$

　(3) $2000-7x=y$　　(4) $b=3a-2$

　(5) $4x=y$　　(6) $\dfrac{7}{2}(a+6)=91$

　(7) $6a+5b=1000$

解き方

1 (1) xを5倍して3を加えた数は$5x+3$、これと48を等号で結ぶ。

　(2) $a-5\times4=b$より、$a-20=b$

　(4) a人に3枚ずつ配るのに必要な画用紙の枚数は$3a$枚だから、bは$3a$より2小さい。

25 関係を表す式②

1 (1) $x-4>8$　　(2) $a+5\leqq2a$

　(3) $120x>1000$　　(4) $5a<20$

　(5) $\dfrac{x}{5}\geqq2$　　(6) $3a+b\leqq14$

　(7) $2x+3y<2000$

解き方

1 (1) xから4をひいた数は、8より大きい。
　→$x-4>8$

　(2) ある数aに5を加えた数は、もとの数aの2倍以下になる。→$a+5\leqq2a$

　(4) 縦$a$cm、横5cmの長方形の面積は、
　$a\times5=5a(\text{cm}^2)$

　(5) （時間）＝（道のり）÷（速さ）より、$x$kmの道のりを時速5kmで歩いたときにかかった時間は、
　$x\div5=\dfrac{x}{5}$（時間）

　(7) 大人2人と子ども3人分の入館料の合計は
　$x\times2+y\times3=2x+3y$（円）。2000円払うとおつりがもらえるとは、入園料の合計が2000円より安いということだから、$2x+3y<2000$

26 確認問題2

❶ (1) $250a + 400$ (g)

(2) $1000 - 5x$ (円)

(3) $\dfrac{x}{4} + \dfrac{y}{5}$ (時間)

❷ (1) 18　　(2) 28　　(3) 3

(4) -4

❸ (1) $-a + 5$　　(2) $-0.8x - 0.5$

(3) $-\dfrac{1}{15}x - \dfrac{1}{2}$　　(4) $4x - 2$

(5) $3y + 6$　　(6) $6x - 14$

(7) $-7a + 9$　　(8) $\dfrac{2x - 19}{12}$

❹ (1) $y = 4x + 9$

(2) $5a + 2b = 1200$

(3) $200 - 30x > 40$

(4) $\dfrac{a + b}{2} \leqq 70$

解き方

❶ (1) $250 \times a + 400 = 250a + 400$

(2) $1000 - x \times 5 = 1000 - 5x$

(3) (時間) = (道のり) ÷ (速さ) より、

$x \div 4 + y \div 5 = \dfrac{x}{4} + \dfrac{y}{5}$

❷ (1) $6x - 2y = 6 \times 2 - 2 \times (-3) = 12 + 6 = 18$

(2) $-4(x + 3y) = -4x - 12y = -4 \times 2 - 12 \times (-3)$

$= -8 + 36 = 28$

(3) $\dfrac{3x - y}{3} = \dfrac{3 \times 2 - (-3)}{3} = \dfrac{6 + 3}{3} = \dfrac{9}{3} = 3$

(4) $2x^2 + 4y = 2 \times 2^2 + 4 \times (-3) = 8 - 12 = -4$

❸ (2) $0.4x - 1.5 - 1.2x + 1$

$= 0.4x - 1.2x - 1.5 + 1$

$= -0.8x - 0.5$

(4) $(-28x + 14) \div (-7)$

$= \dfrac{-28x}{-7} + \dfrac{14}{-7} = 4x - 2$

(6) $-3(2x + 2) + 4(3x - 2)$

$= -6x - 6 + 12x - 8$

$= 6x - 14$

(7) $6\left(\dfrac{1}{3}a + \dfrac{1}{2}\right) - 12\left(\dfrac{3}{4}a - \dfrac{1}{2}\right)$

$= 2a + 3 - 9a + 6$

$= 2a - 9a + 3 + 6$

$= -7a + 9$

(8) $\dfrac{2x - 5}{4} - \dfrac{x + 1}{3}$

$= \dfrac{3(2x - 5) - 4(x + 1)}{12}$

$= \dfrac{6x - 15 - 4x - 4}{12} = \dfrac{2x - 19}{12}$

❹ (1) x 人に4本ずつ配るのに必要な鉛筆の本数は $4x$ 本だから、y は $4x$ より9大きい。

(3) $2m = 200cm$ で、切り取ったひもの長さは $30x$ (cm)

残りは40cmより長いので、$200 - 30x > 40$

(4) (平均点) = (合計得点) ÷ (回数) より、

$(a + b) \div 2 = \dfrac{a + b}{2}$ (点)

3章　1次方程式

27 方程式の解

❶ (1) 1　　(2) -1　　(3) -2

(4) 2

❷ (1) イ　　(2) ウ

解き方

❶ x にそれぞれの値を代入して、左辺 = 右辺となる式を見つける。

(1) $x = 1$ を代入すると、左辺 = $4 \times 1 + 1 = 5$

右辺 = 5

(2) $x = -1$ を代入すると、

左辺 = $-2 \times (-1) + 3 = 5$　右辺 = 5

(3) $x = -2$ を代入すると、

左辺 = $-2 - 4 = -6$　　右辺 = $3 \times (-2) = -6$

(4) $x = 2$ を代入すると、

左辺 = $2 \times 2 - 3 = 1$　右辺 = $3 - 2 = 1$

❷ (1) x に4を代入して、等式が成り立つものを見つける。

イ…左辺 = $2 \times 4 - 1 = 7$　　右辺 = $4 + 3 = 7$

(2) x に -3 を代入して、等式が成り立つものを見つける。

ウ…左辺 = $-3 - 3 = -6$　右辺 = $2 \times (-3) = -6$

28 方程式の解き方①

❶ (1) ❹(❸も可)　　(2) ❷(❶も可)

(3) ❸(❹も可)　　(4) ❶(❷も可)

❷ (1) $x = 3$　　(2) $x = 11$

(3) $x = 20$　　(4) $x = -7$

❶ (1) 左辺をxだけにするために、両辺を2でわる。
　 (2) 左辺をxだけにするために、両辺から8をひく。
　 (3) 左辺をxだけにするために、両辺に6をかける。
　 (4) 左辺をxだけにするために、両辺に5をたす。

❷ (1) 　$x+2=5$
　　　　$x+2-2=5-2$
　　　　　　$x=3$

　 (2) 　$x-8=3$
　　　　$x-8+8=3+8$
　　　　　　$x=11$

　 (3) 　$\dfrac{x}{5}=4$

　　　　$\dfrac{x}{5}\times 5=4\times 5$

　　　　　　$x=20$

　 (4) 　　　$-6x=42$
　　　　$-6x\div(-6)=42\div(-6)$
　　　　　　　$x=-7$

やりがち
ミス！
❷(1)は $x+2-2=5$ としてはいけないよ。
両辺から同じ数をひこう。

❷⑨ 方程式の解き方②

❶ (1) $x=2$　　(2) $x=7$
　 (3) $x=-5$　(4) $x=-8$
　 (5) $x=-4$　(6) $x=1$
　 (7) $x=2$　　(8) $x=3$

解き方

❶ (1) 　$3x-4=2$
　　　　$3x=2+4$
　　　　$3x=6$
　　　　　$x=2$

　 (3) 　　$6x=4x-10$
　　　$6x-4x=-10$
　　　　　$2x=-10$
　　　　　　$x=-5$

　 (4) 　$4=3x+28$
　　　$3x+28=4$
　　　　$3x=4-28$
　　　　$3x=-24$
　　　　　$x=-8$

　 (5) 　$5x-2=3x-10$
　　　$5x-3x=-10+2$
　　　　　$2x=-8$
　　　　　　$x=-4$

　 (7) 　$-9+2x=3-4x$
　　　　$2x+4x=3+9$
　　　　　$6x=12$
　　　　　　$x=2$

　 (8) 　$7-x=5x-11$
　　　$-x-5x=-11-7$
　　　　　$-6x=-18$
　　　　　　$x=3$

やりがち
ミス！
移項するときは、符号を変えるのを
忘れないように注意しよう。

❶(4)は、まず左辺と右辺を入れかえてから解くと、
xの係数が負の数にならず、計算ミスを防げる。

❸⓪ 方程式の解き方③

❶ (1) $x=6$　　(2) $x=-1$
　 (3) $x=2$　　(4) $x=18$
　 (5) $x=5$　　(6) $x=\dfrac{8}{9}$

解き方

❶ まず、かっこをはずしてから、文字の項を左辺に、
　 数の項を右辺に移項して解く。

　 (1) 　$2(x+1)=3x-4$
　　　　$2x+2=3x-4$
　　　　　$-x=-6$
　　　　　　$x=6$

　 (3) 　$-4(x-3)=5x-6$
　　　　$-4x+12=5x-6$
　　　　　$-9x=-18$
　　　　　　$x=2$

　 (4) 　$2(x+3)=3(x-4)$
　　　　$2x+6=3x-12$
　　　　　$-x=-18$
　　　　　　$x=18$

　 (6) 　$-7(x-2)=2(x+3)$
　　　　$-7x+14=2x+6$
　　　　　$-9x=-8$
　　　　　　$x=\dfrac{8}{9}$

❸① 方程式の解き方④

❶ (1) $x=8$　　(2) $x=9$　　(3) $x=7$
　 (4) $x=-5$　(5) $x=-8$
　 (6) $x=13$

解き方

❶ まず、係数を整数にする。

　 (1) 　$0.7x-1.5=4.1$
　　　　両辺に10をかけて
　　　　$7x-15=41$
　　　　　$7x=56$
　　　　　　$x=8$

　 (2) 　$0.13x-0.45=0.08x$
　　　　両辺に100をかけて

$$13x - 45 = 8x$$
$$5x = 45$$
$$x = 9$$

(5)
$$-0.75x + 1.7 = -x - 0.3$$
$$(-0.75x + 1.7) \times 100 = (-x - 0.3) \times 100$$
$$-75x + 170 = -100x - 30$$
$$25x = -200$$
$$x = -8$$

(6)
$$0.3(x - 1) = 0.2x + 1$$
$$0.3(x - 1) \times 10 = (0.2x + 1) \times 10$$
$$3(x - 1) = 2x + 10$$
$$3x - 3 = 2x + 10$$
$$x = 13$$

㉜ 方程式の解き方⑤

❶ (1) $x = 12$　　(2) $x = -4$
　(3) $x = 13$　　(4) $x = 7$
　(5) $x = -8$　　(6) $x = -1$

解き方

❶ まず、分母をはらう。

(1) $\dfrac{3}{4}x - 5 = \dfrac{1}{3}x$

$$\left(\dfrac{3}{4}x - 5\right) \times 12 = \dfrac{1}{3}x \times 12$$
$$9x - 60 = 4x$$
$$5x = 60$$
$$x = 12$$

(4) $x - \dfrac{x + 1}{4} = 5$

$$\left(x - \dfrac{x + 1}{4}\right) \times 4 = 5 \times 4$$
$$4x - x - 1 = 20$$
$$3x = 21$$
$$x = 7$$

(5) $\dfrac{1 + 2x}{9} = \dfrac{x - 2}{6}$

$$\dfrac{1 + 2x}{9} \times 18 = \dfrac{x - 2}{6} \times 18$$
$$2 + 4x = 3x - 6$$
$$x = -8$$

(6) $\dfrac{4}{5}x + \dfrac{3}{2} = \dfrac{3}{10}x + 1$

$$\left(\dfrac{4}{5}x + \dfrac{3}{2}\right) \times 10 = \left(\dfrac{3}{10}x + 1\right) \times 10$$
$$8x + 15 = 3x + 10$$
$$5x = -5$$
$$x = -1$$

やりがち
ミス!

❶(4)は左辺だけでなく、右辺にも4
をかけるよ!

㉝ 方程式の利用①

❶ (1) $12x + 80 \times 8 = 1240$　　(2) 50円
❷ (1) $150x + 180(9 - x) = 1500$
　(2) お茶…4本　　ジュース…5本

解き方

❶ (1) あめの代金は$12x$円、チョコレートの代金は
80×8(円)。代金の合計が1240円になることか
ら方程式をつくると、$12x + 80 \times 8 = 1240$
(2) (1)の方程式を解くと、$x = 50$
これは問題にあっているので、答えは50円。

❷ (1) お茶をx本買ったとすると、買ったジュース
の本数は$9 - x$(本)。これより、お茶の代金は
$150x$円、ジュースの代金は$180(9 - x)$(円)だか
ら、方程式は、$150x + 180(9 - x) = 1500$
(2) (1)の方程式を解くと、$x = 4$
これは問題にあっているので、お茶の本数は4
本、ジュースの本数は、$9 - 4 = 5$(本)

㉞ 方程式の利用②

❶ (1) $4x + 2 = 5x - 4$　　(2) 6人
❷ (1) 8箱　　(2) 50個

解き方

❶ (1) はじめのあめの個数は変わらないことから方
程式をつくる。
・4個ずつ分けると2個余る→$4x + 2$(個)
5個ずつ分けると4個たりない→$5x - 4$(個)
どちらもはじめのあめの個数を表しているか
ら、方程式は、$4x + 2 = 5x - 4$
(2) (1)の方程式を解くと、$x = 6$
これは問題にあっているので、答えは6人。

❷ (1) 用意した箱の数をx箱とすると、
6個ずつ入れると2個余る→$6x + 2$(個)
7個ずつ入れると最後の1箱は1個、つまり、
$x - 1$(箱)に7個ずつ入れ、最後の1箱に1個入れ
る→$7(x - 1) + 1 = 7x - 6$(個)
どちらもはじめのクッキーの個数を表している
から、方程式は、$6x + 2 = 7x - 6$
これを解くと、$x = 8$
これは問題にあっているので、箱の数は8箱。
(2) クッキーの数は、$6 \times 8 + 2 = 50$(個)

35 方程式の利用③

1 (1) $180x$ m　(2) $60(6+x)$ m
　 (3) 3分後　(4) 540m

解き方

1 (1) （道のり）＝（速さ）×（時間）より、兄が進んだ
　　 道のりは、$180 \times x = 180x$(m)
　(2) 兄が出発した時点で、妹は6分歩いているか
　　 ら、妹の歩いた時間は、$6+x$(分)より、妹が進
　　 んだ道のりは、$60 \times (6+x) = 60(6+x)$(m)
　(3) （兄が進んだ道のり）＝（妹が進んだ道のり）よ
　　 り、方程式は、$180x = 60(6+x)$
　　 この方程式を解くと、
　　 $180x = 360 + 60x$
　　 $120x = 360$
　　 　$x = 3$
　　 これは問題にあっているので、兄が出発して妹
　　 に追いつくのは3分後。
　(4) 兄が出発して3分後に妹に追いつくので、家
　　 から$180 \times 3 = 540$(m)離れたところで追いつく。

36 比例式

1 (1) $x = 9$　(2) $x = 72$　(3) $x = 8$
　 (4) $x = \dfrac{1}{6}$　(5) $x = 7$　(6) $x = 5$

2 16枚

解き方

1 $a:b = c:d$ならば、$ad = bc$を使って解く。

　(3) $x : 2.4 = 5 : 1.5$　　(4) $\dfrac{4}{5} : 3 = x : \dfrac{5}{8}$
　　　$1.5x = 12$　　　　　　　$3x = \dfrac{1}{2}$
　　　$x = 8$　　　　　　　　　$x = \dfrac{1}{6}$

　(5) $3 : 4 = (x+2) : 12$
　　　$4x + 8 = 36$
　　　$4x = 28$
　　　$x = 7$

2 はじめに兄が持っていたカードの枚数をx枚とす
　 ると、$(6+4) : (x-4) = 5 : 6$
　 これを解くと、$x = 16$
　 これは問題にあっているので、答えは16枚。

37 確認問題3

1 ウ

2 (1) $x = 4$　(2) $x = -3$
　 (3) $x = 3$　(4) $x = 20$
　 (5) $x = -5$　(6) $x = -3$
　 (7) $x = 17$　(8) $x = \dfrac{10}{3}$

3 (1) $x = 3$　(2) $x = 2$

4 4個

5 子ども…15人　　みかん…50個

6 12分後

解き方

1 ウ…左辺＝$2 \times (-2-1) = -6$
　 右辺＝$8 \times (-2) + 10 = -6$

2 (2) $7x + 3 = 3x - 9$　　(4) $8(x-5) = 5(x+4)$
　　　$7x - 3x = -9 - 3$　　　　$8x - 40 = 5x + 20$
　　　$4x = -12$　　　　　　　　$3x = 60$
　　　$x = -3$　　　　　　　　　$x = 20$
　(6) $1.2x + 9 = -0.6x + 3.6$
　　 両辺に10をかけて
　　 $12x + 90 = -6x + 36$
　　 $18x = -54$
　　 $x = -3$
　(8) $\dfrac{3}{4}x + 1 = x + \dfrac{1}{6}$
　　 両辺に12をかけて
　　 $9x + 12 = 12x + 2$
　　 $-3x = -10$
　　 $x = \dfrac{10}{3}$

3 (1) $5 : x = 10 : 6$　　(2) $4 : (x+6) = 1 : x$
　　　$10x = 30$　　　　　　　$x + 6 = 4x$
　　　$x = 3$　　　　　　　　　$-3x = -6$
　　　　　　　　　　　　　　　$x = 2$

4 プリンをx個買ったとすると、プリンの代金は
　 $120x$円、代金の合計は$120x + 400$(円)だから、方
　 程式は、$120x + 400 = 880$
　 これを解くと、$x = 4$
　 これは問題にあっているので、答えは4個。

5 子どもの人数をx人とすると、みかんの数は、3個
　 ずつ分けると5個余るとき、$3x + 5$(個)、4個ずつ
　 分けると10個たりないとき、$4x - 10$(個)だから、
　 $3x + 5 = 4x - 10$
　 これを解くと、$x = 15$
　 これは問題にあっているので、子どもの人数は15
　 人、みかんの数は、$3 \times 15 + 5 = 50$(個)

6 弟が出発してからx分後に兄に追いつかれるとし
　 て、道のりの関係から方程式をつくると、

$70x = 280(x-9)$

これを解くと、$x = 12$

弟が追いつかれる地点は、家から $70 \times 12 = 840$(m) 離れた地点で、駅の手前であるから、$x = 12$は問題にあっている。

よって、12分後。

4章 比例と反比例

❸❽ 関数

❶ ア、ウ、エ

❷ (1) $-3 \leqq x \leqq 6$ (2) $x > -4$

❸ (1)

x(cm)	1	2	3	4
y(cm)	3	6	9	12

  (2) いえる

解き方

❶ イ　たとえば、絶対値が5である数は -5と5のように2つあり、xの値を1つ決めるとyの値がただ1つに決まらないので、関数ではない。

❷ (1)「-3以上」は-3をふくみ、「6以下」は6をふくむことに注意する。

  (2)「-4より大きい」は-4をふくまないことに注意しよう。

❸ (1)（正三角形の周の長さ）＝（1辺の長さ）$\times 3$

---

❸❾ 比例の式①

❶ ア、ウ、エ、カ

❷ (1) 2   (2) 30   (3) -4

❸ (1) $y = 8x$ (2) $y = \dfrac{1}{5}x$

解き方

❶ $y = ax$（aは定数）の形で表される式をさがせばよい。

ウ　$y = \dfrac{x}{2}$より、$y = \dfrac{1}{2}x$

エ　$\dfrac{y}{x} = 4$より、$y = 4x$

オ　$xy = 12$より、$y = \dfrac{12}{x}$となり、$y = ax$の形ではないから、比例ではない。

カ　$x - y = 0$より、$y = x$

❷ 比例の式$y = ax$で、aが比例定数である。

  (3) 比例定数は「-4」である。「4」と答えないようにしよう。

❸ (1) 比例の式$y = ax$に、$x = 3$、$y = 24$を代入して、$24 = 3a$より、$a = 8$となり、$y = 8x$

---

❹⓿ 比例の式②

❶ (1) $y = -5x$ (2) $y = -6x$

❷ (1)

x	$\cdots$	-3	-2	-1	0
y	$\cdots$	9	6	3	0

1	2	3	$\cdots$
-3	-6	-9	$\cdots$

  (2) $y = -3x$ (3) $y = 15$

  (4) $x = 7$

解き方

❶ (1) 比例だから、$y = ax$とおき、この式に $x = 8$、$y = -40$を代入して、$-40 = 8a$より、$a = -5$　　よって、$y = -5x$

❷ (1) yは、つねにxに-3をかけたものに等しいことから、xのそれぞれに-3をかけた値を表に書けばよい。

  (3) $y = -3x$に$x = -5$を代入して、$y = -3 \times (-5) = 15$

  (4) $y = -3x$に$y = -21$を代入して、$-21 = -3x$より、$x = 7$

---

❹❶ 比例の式③

❶ (1) $y = 5x$ (2) $0 \leqq y \leqq 40$

  (3) $0 \leqq x \leqq 8$

❷ (1) $y = 40x$ (2) $0 \leqq y \leqq 120$

  (3) $0 \leqq x \leqq 3$

解き方

❶ (1) 1分間に5Lずつ水をいれるのだから、$y = 5x$

  (2) 水槽の水が空のとき$y = 0$、水槽の水が満水のとき$y = 40$だから、$0 \leqq y \leqq 40$

  (3) 水槽の水が満水となるまでにかかる時間は、$40 \div 5 = 8$(分)だから、$0 \leqq x \leqq 8$

❷ (1)（道のり）＝（速さ）$\times$（時間）だから、$y = 40x$

  (2) 進んだ道のりは最も短くて0km、最も長くて120kmだから、$0 \leqq y \leqq 120$

  (3) 120kmの道のりを時速40kmで進むのにかかる時間は、$120 \div 40 = 3$(時間)だから、$0 \leqq x \leqq 3$

42 座標

1 A(6、2)、B(2、−3)、C(−6、6)、
D(−3、0)、E(−1、−5)、F(0、3)

2

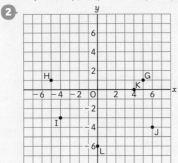

解き方

1 点A…x座標が6、y座標が2だから、A(6、2)
点B…x座標が2、y座標が−3だから、B(2、−3)
点C…x座標が−6、y座標が6だから、C(−6、6)

2 G(5、1)…x座標が5、y座標が1だから、原点から
右へ5、上へ1だけ進んだ点がGである。
I(−4、−3)…x座標が−4、y座標が−3だから、
原点から左へ4、下へ3だけ進んだ点がIである。
K(4、0)…x座標が4、y座標が0だから、原点から
右へ4だけ進んだ点がKである。

43 比例のグラフ①

1 (1)

x	−2	−1	0	1	2
y	−4	−2	0	2	4

(2)

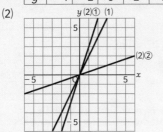

2 (1) $y = 5x$　　(2) $y = x$

(3) $y = \dfrac{1}{2}x$

解き方

1 (1) 原点と、表が成り立つようなx、yの値の組を
座標とする点をいくつかとり、直線をひく。

2 (1) $y = ax$に、グラフが通る点のx座標1、y座標5
を代入して、$a = 5$より、$y = 5x$

44 比例のグラフ②

1 (1)

x	−2	−1	0	1	2
y	6	3	0	−3	−6

(2)

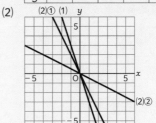

2 (1) $y = -4x$　　(2) $y = -x$

(3) $y = -\dfrac{1}{3}x$

解き方

1 (1) 原点と点(1、−3)を通る直線をひく。

2 (1) $y = ax$に、グラフが通る点のx座標1、y座標
−4を代入して、$a = -4$より、$y = -4x$

45 反比例の式

1 イ、エ、カ

2 (1) 24　　(2) 16　　(3) −6

3 (1) $y = \dfrac{27}{x}$　　(2) $y = -\dfrac{20}{x}$

解き方

1 $y = \dfrac{a}{x}$（aは定数）の形で表される式をさがせばよ
い。

ウ　$y = \dfrac{x}{10}$より、$y = \dfrac{a}{x}$の形ではないから、反比
例ではない。

エ　$xy = 18$より、$y = \dfrac{18}{x}$

オ　$x + y = 0$より、$y = -x$となり、$y = \dfrac{a}{x}$の形では
ないから、反比例ではない。

2 反比例の式$y = \dfrac{a}{x}$で、aが比例定数である。

(2) $xy = 16$より、$y = \dfrac{16}{x}$

❸ (1) 反比例の式$y = \dfrac{a}{x}$に、$x = 3$、$y = 9$を代入して、

$9 = \dfrac{a}{3}$より、$a = 27$となり、$y = \dfrac{27}{x}$

④⑥ 反比例のグラフ①

❶

x	-6	-3	-2	-1	0
y	-1	-2	-3	-6	✕

1	2	3	6
6	3	2	1

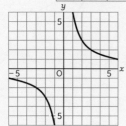

❷ (1) $y = \dfrac{4}{x}$　　(2) $y = \dfrac{12}{x}$

解き方

❶ 表が成り立つようなx、yの値の組を座標とする点をいくつかとって、なめらかな曲線をひく。

❷ (1) $y = \dfrac{a}{x}$に、グラフが通る点のx座標1、y座標4を代入して、$a = 4$より、$y = \dfrac{4}{x}$

(2) $y = \dfrac{a}{x}$に、グラフが通る点のx座標3、y座標4を代入して、$a = 12$より、$y = \dfrac{12}{x}$

④⑦ 反比例のグラフ②

❶

x	-6	-3	-2	-1	0
y	1	2	3	6	✕

1	2	3	6
-6	-3	-2	-1

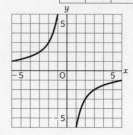

❷ (1) $y = -\dfrac{8}{x}$　　(2) $y = -\dfrac{12}{x}$

解き方

❶ 表が成り立つようなx、yの値の組を座標とする点をいくつかとって、なめらかな曲線をひく。

❷ (1) $y = \dfrac{a}{x}$に、グラフが通る点のx座標2、y座標-4を代入して、$a = -8$より、$y = -\dfrac{8}{x}$

(2) $y = \dfrac{a}{x}$に、グラフが通る点のx座標3、y座標-4を代入して、$a = -12$より、$y = -\dfrac{12}{x}$

④⑧ 比例の利用

❶ (1) 妹…$y = 120x$　　兄…$y = 80x$

(2) 200m

解き方

❶ (1) 妹についての比例の式を$y = ax$とおく。この式に$x = 10$、$y = 1200$を代入して、$1200 = 10a$より、$a = 120$となり、$y = 120x$
兄についての比例の式を$y = ax$とおく。この式に$x = 10$、$y = 800$を代入して、$800 = 10a$より、$a = 80$となり、$y = 80x$

ここも大事！

比例のグラフの利用

❶(1) yはxに比例し、(道のり) = (速さ)×(時間)より、この問いでは、速さが比例定数になる。

㊾ 反比例の利用

❶ (1) $y = \dfrac{3000}{x}$ (2) 分速200m

❷ (1) $y = \dfrac{60000}{x}$ (2) 2分

解き方

❶ (1) （速さ）×（時間）＝（道のり）より、反比例の関係があることを利用して、$xy = 60 \times 50 = 3000$ より、$y = \dfrac{3000}{x}$

(2) $y = \dfrac{3000}{x}$に、$y = 15$を代入して、$15 = \dfrac{3000}{x}$
より、$x = \dfrac{3000}{15} = 200$となり、分速200m

❷ (1) yはxに反比例するので、$xy = a$とおく。1分40秒は100秒だから、この式に$x = 600$、$y = 100$を代入して、$a = 600 \times 100 = 60000$より、$y = \dfrac{60000}{x}$

(2) $y = \dfrac{60000}{x}$に、$x = 500$を代入して、
$y = \dfrac{60000}{500} = 120$
120秒は2分だから、加熱時間は2分に設定すればよい。

㊿ 確認問題 4

❶ (1) ア、エ   (2) イ、ウ

❷ (1) $y = -5x$ (2) $y = -\dfrac{18}{x}$

❸ (1) イ、エ   (2) ア   (3) ウ、エ

❹ (1) ア   (2) ウ   (3) イ
     (4) エ

❺ (1) $y = 3x$ (2) $0 \leqq x \leqq 6$
     (3) $0 \leqq y \leqq 18$

❻ (1) $y = \dfrac{48}{x}$ (2) 6cm

解き方

❶ ア $y = 150x$ イ $y = \dfrac{60}{x}$ ウ $y = \dfrac{50}{x}$
    エ $y = 2\pi x$

❷ (1) 比例の式$y = ax$に、$x = 3$、$y = -15$を代入して、$-15 = 3a$より、$a = -5$となり、$y = -5x$

❸ (3) $y = \dfrac{a}{x}$の形の式で表されるグラフが、双曲線となる。

❹ (1) 原点と点（1、2）を通る直線であるから、
$y = 2x$

(2) 点（2、4）を通る双曲線であるから、$y = \dfrac{8}{x}$

(3) 原点と点（4、−3）を通る直線であるから、
$y = -\dfrac{3}{4}x$

(4) 点（5、−2）を通る双曲線であるから、
$y = -\dfrac{10}{x}$

❺ (1) （三角形ABPの面積）$= \dfrac{1}{2} \times BP \times AB$より、
$y = \dfrac{1}{2} \times x \times 6 = 3x$

(2) 点Pが点Bにあるとき$x = 0$、点Pが点Cにあるとき$x = 6$だから、$0 \leqq x \leqq 6$

(3) 点Pが点Bにあるとき$y = 3 \times 0 = 0$、点Pが点Cにあるとき$y = 3 \times 6 = 18$だから、$0 \leqq y \leqq 18$

❻ (1) （三角形の面積）$= \dfrac{1}{2} \times$（底辺）$\times$（高さ）より、
$24 = \dfrac{1}{2} \times x \times y$だから、$y = \dfrac{48}{x}$
底辺と高さは反比例の関係にある。

(2) $y = \dfrac{48}{x}$に、$y = 8$を代入して、$8 = \dfrac{48}{x}$より、
$x = 6$、底辺は6cmになる。

5章 平面図形

⑤① 線分・半直線・角

❶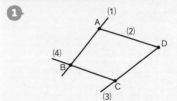

❷ イ

❸ アの角…∠ADB（∠BDA）
    イの角…∠DAC（∠CAD）

解き方

❶ (3) 半直線DCとは、Dを端としてCのほうにまっすぐのばした直線である。

❷ 2点A、B間の距離は、AとBをまっすぐ結ぶ線分の長さを表す。

❸ 角を表す記号は∠、頂点を表す文字は真ん中に書く。
アの角…頂点はD、角の2辺はADとBDだから、∠ADBと表す(∠BDAとしてもよい)。

52 垂直と平行

❶ (1) AB⊥AD、AB⊥BC
(2) AD//BC　　(3) 6cm
❷ (1) 点C　　(2) 点B

解き方
❶ (1) 長方形の2辺ABとADは垂直なので、記号を用いて、AB⊥ADと表す。
(2) 長方形の向かい合う2辺ADとBCは平行なので、記号を用いて、AD//BCと表す。
(3) 点Aと線分BCとの距離は点Aから線分BCにひいた垂線の長さ、すなわち、辺ABの長さに等しい。
❷ (1) 各点より、直線ℓにひいた垂線の長さを調べると、点Aが2めもり、点Bが3めもり、点Cが4めもり、点Dが2めもりなので、直線ℓまでの距離が最も長いのは、点C。
(2) 各点より、直線mにひいた垂線の長さを調べると、点Aが3めもり、点Bが1めもり、点Cが2めもり、点Dが4めもりなので、直線mまでの距離が最も短いのは、点B。

53 平行移動

❶ (1) 線分AA′、線分BB′
(2) 線分AA′、線分BB′
(3) 辺B′C′
❷

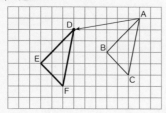

解き方
❶ (1)(2)△ABCを矢印AA′の方向に、その長さだけ平行移動させると、点Bは点B′に、点Cは点C′にそれぞれ移動するので、線分CC′と平行な線分は、線分AA′、線分BB′で、線分CC′と長さの等しい線分は、線分AA′、線分BB′である。
(3) 点Bは点B′に、点Cは点C′にそれぞれ同じ長さ

だけ移動するので、辺BCと平行な辺は、辺B′C′。

54 回転移動

❶ (1) 線分OA′　　(2) 60°
(3) 辺B′C′
❷

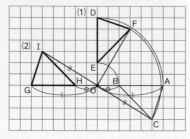

解き方
❶ (1) 対応する点は、回転の中心から等しい距離にあるから、OA＝OA′
(2) 対応する点と回転の中心を結んでできる角は回転させた角度に等しいから、∠BOB′＝60°
(3) 点Bは点B′に、点Cは点C′にそれぞれ同じ回転させた角度だけ移動するので、辺BCと長さの等しい辺は、辺B′C′となる。
❷ (1) 点Oを中心として、半径OAの円をかき、∠AOD＝90°となる点Dをとる。同じようにして、点Bに対応する点E、点Cに対応する点Fをとり、3点D、E、Fを結べばよい。

55 対称移動

❶ (1) 辺A′B′
(2) イ、ウ
(3) 線分C′R
❷

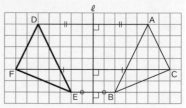

解き方
❶ (1) 対称移動によって、点Aと点A′、点Bと点B′がそれぞれ対応しているから、辺ABと長さの等しい辺は、辺A′B′
(2)(3)対称移動では、対応する2点を結ぶ線分は、

対称の軸によって垂直に二等分されるから、直
線ℓと垂直な線分は、線分AA'、線分BB'、線
分CC'。線分CRと長さの等しい線分は、線分C'R。

❷ 点Aから直線ℓに垂線をひき、この直線上に、点A
から直線ℓまでの距離が等しくなる点Dを直線ℓ
について反対側にとる。同じように、点Bに対応
する点E、点Cに対応する点Fをとり、3点D、E、F
を結べばよい。

---

56 垂線の作図

❶ (1)

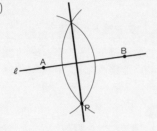

(2)

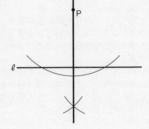

解き方

❶ (1) ❶ 直線ℓ上に適当な2点A、Bをとる。
　　　❷ 点Aを中心として半径APの円をかく。
　　　❸ 点Bを中心として半径BPの円をかく。
　　　❹ ❷、❸の2つの交点を通る直線をひく。
　　(2) ❶ 点Pを中心とする円をかき、直線ℓとの
　　　　　交点を2点求める。
　　　❷ ❶で求めた2点を中心として、等しい半
　　　　　径の円をかき、2円の交点を求める。
　　　❸ 点Pと❷で求めた2円の交点を通る直線を
　　　　　ひく。

---

57 垂直二等分線の作図

❶ (1)

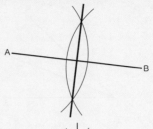

(2)

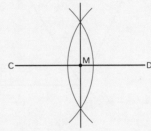

❷ (1) 垂直二等分線
　　(2)

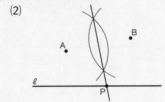

解き方

❷ (2) 2点A、Bから等しい距離にある点は、線分AB
　　　の垂直二等分線上にある。したがって、線分AB
　　　の垂直二等分線を作図し、直線ℓとの交点をP
　　　とすればよい。

58 角の二等分線の作図

1 (1)

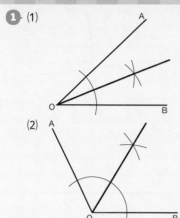

(2)

2 (1) 二等分線

(2)

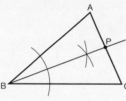

解き方

2 (2) 2辺AB、BCから等しい距離にある点は、
∠ABCの二等分線上にあるから、∠ABCの二等
分線を作図し、辺ACとの交点をPとすればよい。

59 接線

1 (1) $\overparen{AB}$ (2)

2

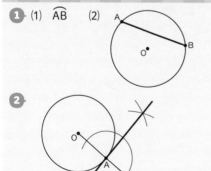

解き方

1 (1) $\overparen{AB}$といえば、大きいほうと小さいほうの2つ
の弧のどちらか迷うが、ふつうは、小さいほう
の弧を指す。

2 **1** 半直線OAをひく。
2 点Aを中心とする円をかき、半直線OAとの交
点を2点求める。
3 **2**で求めた2点をそれぞれ中心として、等し
い半径の円をかき、2円の交点を求める。
4 点Aと**3**で求めた2円の交点を通る直線をひ
く。

60 おうぎ形と中心角

1 (1) 半径…2cm、中心角…120°
(2) 半径…3cm、中心角…225°
2 (1) 2倍 (2) 3倍

解き方

1 おうぎ形で、2つの半径のつくる角を中心角とい
う。
2 (1) 1つの円で、おうぎ形の弧の長さは中心角の
大きさに比例する。∠AOCの大きさは∠AOBの
大きさの2倍だから、$\overparen{AC}$の長さは$\overparen{AB}$の長さの2
倍である。
(2) 1つの円で、おうぎ形の面積は中心角の大き
さに比例する。∠AODの大きさは∠AOBの大き
さの3倍だから、おうぎ形OADの面積は、おう
ぎ形OABの面積の3倍である。

ここも大事! 1 2 3

> **おうぎ形の弧の長さと面積**
> 半径と中心角の等しい2つのおうぎ形の弧の長さ
> と面積は等しい。

61 おうぎ形の弧の長さ

1 (1) 円周の長さ…3π cm、
面積…$\frac{9}{4}$π cm²
(2) 円周の長さ…16π cm、
面積…64π cm²
2 (1) 4π cm (2) 8π cm
(3) 30π cm

❶ (1) 円周の長さは、$2\pi \times \dfrac{3}{2} = 3\pi$ (cm)

面積は、$\pi \times \left(\dfrac{3}{2}\right)^2 = \dfrac{9}{4}\pi$ (cm²)

(2) 円周の長さは、$16 \times \pi = 16\pi$ (cm)
半径は$16 \div 2 = 8$(cm)だから、面積は、
$\pi \times 8^2 = 64\pi$ (cm²)

❷ (1) $2\pi \times 10 \times \dfrac{72}{360} = 4\pi$ (cm)

(2) $2\pi \times 12 \times \dfrac{120}{360} = 8\pi$ (cm)

(3) $2\pi \times 24 \times \dfrac{225}{360} = 30\pi$ (cm)

⑥② おうぎ形の面積

❶ (1) 25π cm²　　(2) 12π cm²

(3) 40π cm²

❷ (1) $60°$　　(2) $144°$

解き方

❶ (1) $\pi \times 10^2 \times \dfrac{90}{360} = 25\pi$ (cm²)

(2) $\pi \times 6^2 \times \dfrac{120}{360} = 12\pi$ (cm²)

(3) $\pi \times 8^2 \times \dfrac{225}{360} = 40\pi$ (cm²)

❷ 中心角を$a°$とする。

(1) $2\pi \times 9 \times \dfrac{a}{360} = 3\pi$　これを解くと、$a = 60$

(2) $\pi \times 5^2 \times \dfrac{a}{360} = 10\pi$

これを解くと、$a = 144$

⑥③ 確認問題 5

❶ (1) BC⊥CD　　(2) AD//BC

(3) 8cm

❷ (1) △OFC　　(2) △DGO

(3) 90°

❸ (1)

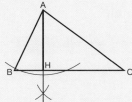

(2)

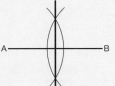

(3)

(4)

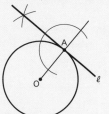

❹ (1) 弧の長さ…5π cm、
面積…15π cm²

(2) 弧の長さ…5π cm、
面積…10π cm²

解き方

❶ (3) 点Aと辺BCの距離は、辺CDの長さに等しく、
8cmである。

❷ (1) △AEOを、辺AOをAOの長さだけOCの方向に
平行移動すると、△OFCに重なる。

❹ (1) 弧の長さ…$2\pi \times 6 \times \dfrac{150}{360} = 5\pi$ (cm)

面積…$\pi \times 6^2 \times \dfrac{150}{360} = 15\pi \ (cm^2)$

(2) 弧の長さ…$2\pi \times 4 \times \dfrac{225}{360} = 5\pi \ (cm)$

面積…$\pi \times 4^2 \times \dfrac{225}{360} = 10\pi \ (cm^2)$

6章　空間図形

⑥④　いろいろな立体

❶ (1) 三角柱　　(2) 四角錐
(3) 円柱

❷ (1) 正六角形　　(2) 1
(3) 二等辺三角形　　(4) 6
(5) 12

解き方

❶ (1) 底面が三角形の角柱だから、三角柱である。
(2) 底面が四角形の角錐だから、四角錐である。
(3) 底面が円の柱体だから、円柱である。
❷ (1) 正六角錐の底面は正六角形である。
(2) 底面の数は正六角形の面の1つ。
(3) 正六角錐の側面はすべて合同な二等辺三角形になっている。
(4) 側面の数は底面の正六角形の辺の数に等しい。
(5) 底面の辺の数の2倍ある。

ここも大事！

角柱と角錐の辺、面の数
n角柱…辺の数$3n$、面の数$n+2$
n角錐…辺の数$2n$、面の数$n+1$

⑥⑤　2直線の位置関係

❶ (1) 平行である　　(2) 交わる
(3) ねじれの位置にある
(4) ねじれの位置にある
(5) 平行である　　(6) 交わる

❷ (1) 平面　　(2) 平面

解き方

❶ (1) ADとBCは長方形ABCDの向かい合う辺だから、平行である。
(2) ADとABは長方形ABCDのとなり合う辺だ

ら、交わる。
(3) ADとBFは平行でなく、交わらないから、ねじれの位置にある。
(4) CGとEFは平行でなく、交わらないから、ねじれの位置にある。
(5) CGとAEは平面（長方形）AEGCの向かい合う辺だから、平行である。
(6) CGとFGは長方形BFGCのとなり合う辺だから、交わる。

❷ ❶の直方体で考えるとよい。
(1) 直線ℓをAD、直線mをABとすると、ℓとmは同じ平面ABCD上にある。
(2) 直線ℓをAD、直線nをBFとすると、ℓとnは平行でなく、交わらないので、同じ平面上にない。

⑥⑥　直線と平面の位置関係

❶ (1) 直線AB、直線BC、直線CD、直線DA
(2) 直線AE、直線BF、直線CG、直線DH
(3) 直線EF、直線FG、直線GH、直線HE

❷ (1) 直線AD、直線BE、直線CF
(2) 直線DE、直線EF、直線FD
(3) 直線AC、直線DF　　(4) 直線CF

解き方

❶ (2) 長方形の角だから、∠BAE＝90°、
∠DAE＝90°より、辺AEは平面ABCDとの交点Aを通る2辺AB、ADに垂直なので、直線AEは平面ABCDと垂直である。同じようにして、直線BF、直線CG、直線DHも平面ABCDと垂直である。
(3) 平面ABCDと平面EFGHは向かい合う面だから、平面ABCDと平行な直線は、平面（長方形）EFGHの4つの辺をふくむ直線である。
❷ (1) ADとAB、ADとACはそれぞれ垂直である。同様に、BEとAB、BEとBCはそれぞれ垂直である。さらに、CFとAC、CFとBCもそれぞれ垂直である。
(2) 平面ABCと平面DEFは向かい合う面だから、平面ABCと平行な直線は、平面（三角形）DEFの3つの辺をふくむ直線である。
(3) 正方形の角だから、∠BAC＝90°、
∠DAC＝90°より、辺ACは平面ADEBとの交点Aを通る2辺AB、ADに垂直なので、直線ACは平面ADEBと垂直である。同じようにして、直線DFも平面ADEBと垂直である。

❶ (1) 平面EFGH
　(2) 平面AEFB、平面BFGC、
　　　平面CGHD、平面AEHD
　(3) 平面DHGC
　(4) 平面ABCD、平面BFGC、
　　　平面EFGH、平面AEHD
　(5) 直線BF

❷ (1) 垂直に交わる　　(2) 平行である
　(3) 交わる

解き方

❶ (2) 平面AEFB、平面BFGC、平面CGHD、平面AEHDは直方体の側面であるから、直方体の底面である平面ABCDに垂直である。
　(3) 平面AEFBと平面DHGCは直方体の向かい合う面だから、平行である。

❷ (1) 平面AEHDと平面HEFGは直方体のとなり合う面であるから、垂直に交わる。
　(2) 平面AEFと平面DHGは直方体の向かい合う面だから、平行である。

❶ (1)

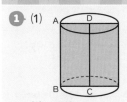

　(2) 円柱

❷ (1) 円錐　　(2) 球

解き方

❶ (1) 直角三角形を直線ℓを軸として1回転させてできる回転体は右の図のような円錐になる。
　(2) 半円を直線ℓを軸として1回転させてできる回転体は右の図のような球になる。

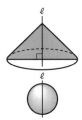

❶ (1) 正四角錐　　(2) 円柱

❷ (1) 円錐　　(2) 6π cm
　(3) 135°

解き方

❶ (1) この展開図は、底面は正方形、側面はすべて合同な二等辺三角形だから、これを組み立ててできる立体は正四角錐である。
　(2) この展開図は、2つの底面は合同な円、側面は長方形だから、これを組み立ててできる立体は円柱である。

❷ (1) この展開図は、底面は円、側面はおうぎ形だから、これを組み立ててできる立体は円錐である。
　(2) $\overparen{AB}$の長さは、底面の円の円周の長さに等しい。よって、$\overparen{AB}$の長さは、$2\pi \times 3 = 6\pi$ (cm)
　(3) 側面のおうぎ形の中心角を$a°$とすると、
$$2\pi \times 3 = 2\pi \times 8 \times \frac{a}{360}$$
これを解くと、$a = 45 \times 3 = 135$より、135°

❶ (1) 円錐　　(2) 球
　(3) 正四角錐

❷ (1) 正方形
　(2)

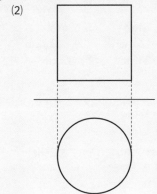

解き方

❶ (1) 立面図が二等辺三角形なので、角錐または円錐である。平面図が円だから、この立体は円錐である。
　(3) 立面図が二等辺三角形なので、角錐または円錐である。平面図が正方形だから、この立体は正四角錐である。

② (1)　立面図は1辺が2cmの正方形になる。

71 角柱、円柱の体積

① (1)　9cm²　　(2)　90cm³
② (1)　9π cm²　　(2)　72π cm³
③ (1)　300cm³　　(2)　24π cm³

解き方

① (1)　三角柱の底面は三角形だから、底面積は、
$$\frac{1}{2} \times 6 \times 3 = 9(cm^2)$$
(2)　$9 \times 10 = 90(cm^3)$
② (1)　円柱の底面は円だから、底面積は、
$$\pi \times 3^2 = 9\pi(cm^2)$$
(2)　$9\pi \times 8 = 72\pi(cm^3)$
③ (1)　底面積は、$5 \times 5 = 25(cm^2)$だから、求める体積は、$25 \times 12 = 300(cm^3)$
(2)　底面積は、$\pi \times 2^2 = 4\pi(cm^2)$だから、求める体積は、$4\pi \times 6 = 24\pi(cm^3)$

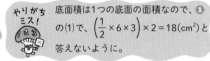

やりがち
ミス！
底面積は1つの底面の面積なので、①の(1)で、$\left(\frac{1}{2} \times 6 \times 3\right) \times 2 = 18(cm^2)$と答えないように。

72 角錐、円錐の体積

① (1)　36cm²　　(2)　96cm³
② (1)　16π cm²　　(2)　48π cm³
③ (1)　24cm³　　(2)　8π cm³

解き方

① (1)　正四角錐の底面は正方形だから、底面積は、
$$6 \times 6 = 36(cm^2)$$
(2)　$\frac{1}{3} \times 36 \times 8 = 96(cm^3)$
② (1)　円錐の底面は円だから、底面積は、
$$\pi \times 4^2 = 16\pi(cm^2)$$
(2)　$\frac{1}{3} \times 16\pi \times 9 = 48\pi(cm^3)$
③ (1)　底面積は、$\frac{1}{2} \times 4 \times 3 = 6(cm^2)$だから、求める体積は、$\frac{1}{3} \times 6 \times 12 = 24(cm^3)$
(2)　底面積は、$\pi \times 2^2 = 4\pi(cm^2)$だから、求める体積は、$\frac{1}{3} \times 4\pi \times 6 = 8\pi(cm^3)$

73 角柱の表面積

① (1)　72cm²　　(2)　6cm²
　　(3)　84cm²
② (1)　210cm²　　(2)　360cm²

解き方

② (1)　底面は1辺5cmの正方形だから、底面積は、
$$5 \times 5 = 25(cm^2)$$
側面は縦8cm、横5×4＝20(cm)の長方形だから、側面積は、$8 \times 20 = 160(cm^2)$
よって、求める表面積は、
$$160 + 25 \times 2 = 210(cm^2)$$
(2)　底面は底辺5cm、高さ12cmの直角三角形だから、底面積は、$\frac{1}{2} \times 5 \times 12 = 30(cm^2)$
側面は縦10cm、横5＋12＋13＝30(cm)の長方形だから、側面積は、$10 \times 30 = 300(cm^2)$
よって、求める表面積は、
$$300 + 30 \times 2 = 360(cm^2)$$

74 円柱の表面積

① (1)　24π cm²　　(2)　9π cm²
　　(3)　42π cm²
② (1)　150π cm²　　(2)　40π cm²

解き方

① (1)　側面は、縦4cm、横2π×3＝6π(cm)の長方形だから、側面積は、$4 \times 6\pi = 24\pi(cm^2)$
(2)　円柱の底面は円だから、底面積は、
$$\pi \times 3^2 = 9\pi(cm^2)$$
(3)　$24\pi + 9\pi \times 2 = 42\pi(cm^2)$
② (1)　側面は、縦10cm、横π×10＝10π(cm)の長方形だから、側面積は、$10 \times 10\pi = 100\pi(cm^2)$
底面積は、$\pi \times (10 \div 2)^2 = 25\pi(cm^2)$
よって、求める表面積は、
$$100\pi + 25\pi \times 2 = 150\pi(cm^2)$$

75 角錐の表面積

① (1)　24cm²　　(2)　9cm²
　　(3)　33cm²
② (1)　340cm²　　(2)　216cm²

解き方

① (1)　側面の1つは、底辺3cm、高さ4cmの二等辺三角形だから、側面積は、

$$\left(\frac{1}{2} \times 3 \times 4\right) \times 4 = 24 (\text{cm}^2)$$

(2) 正四角錐の底面は正方形だから、底面積は、
$$3 \times 3 = 9 (\text{cm}^2)$$

(3) $24 + 9 = 33 (\text{cm}^2)$

❷ (1) 側面の1つは、底辺10cm、高さ12cmの二等辺三角形だから、側面積は、
$$\left(\frac{1}{2} \times 10 \times 12\right) \times 4 = 240 (\text{cm}^2)$$

正四角錐の底面は正方形だから、底面積は、
$$10 \times 10 = 100 (\text{cm}^2)$$
よって、求める表面積は、
$$240 + 100 = 340 (\text{cm}^2)$$

76 円錐の表面積

❶ (1) 120°　(2) 27π cm²
(3) 9π cm²　(4) 36π cm²

❷ (1) 144°　(2) 126π cm²

解き方

❶ (1) $360° \times \dfrac{2\pi \times 3}{2\pi \times 9} = 120°$

(2) $\pi \times 9^2 \times \dfrac{120}{360} = 27\pi (\text{cm}^2)$

(3) $\pi \times 3^2 = 9\pi (\text{cm}^2)$

❷ (1) $360° \times \dfrac{2\pi \times 6}{2\pi \times 15} = 144°$

(2) 側面積は、$\pi \times 15^2 \times \dfrac{144}{360} = 90\pi (\text{cm}^2)$

底面積は、$\pi \times 6^2 = 36\pi (\text{cm}^2)$
よって、求める表面積は、
$$90\pi + 36\pi = 126\pi (\text{cm}^2)$$

77 球の体積と表面積

❶ (1) 体積…36π cm³、
表面積…36π cm²

(2) 体積…288π cm³、
表面積…144π cm²

❷ (1) 体積…486π cm³、
表面積…243π cm²

(2) 体積…$\dfrac{256}{3}$π cm³、

表面積…64π cm²

解き方

❶ (1) 求める体積は、$\dfrac{4}{3}\pi \times 3^3 = 36\pi (\text{cm}^3)$

求める表面積は、$4\pi \times 3^2 = 36\pi (\text{cm}^2)$

(2) 求める体積は、$\dfrac{4}{3}\pi \times (12 \div 2)^3 = 288\pi (\text{cm}^3)$

求める表面積は、$4\pi \times (12 \div 2)^2 = 144\pi (\text{cm}^2)$

❷ (1) 求める体積は、球の体積の半分に等しい。よって、$\dfrac{4}{3}\pi \times 9^3 \times \dfrac{1}{2} = 486\pi (\text{cm}^3)$

求める表面積は、球の表面積の半分に底面の円の面積を加えたものに等しい。

よって、$4\pi \times 9^2 \times \dfrac{1}{2} + \pi \times 9^2 = 243\pi (\text{cm}^2)$

(2) 求める体積は、$\dfrac{4}{3}\pi \times (8 \div 2)^3 = \dfrac{256}{3}\pi (\text{cm}^3)$

求める表面積は、$4\pi \times (8 \div 2)^2 = 64\pi (\text{cm}^2)$

78 確認問題 6

❶ (1) 直線DC、直線EF、直線HG

(2) 直線AD、直線BC、直線AE、
直線BF

(3) 直線DH、直線CG、直線EH、
直線FG

(4) 直線DH、直線HG、直線GC、
直線CD

(5) 平面DCGH

(6) 直線AE、直線BF、直線CG、
直線DH

(7) 平面ABCD、平面ABFE、
平面EFGH、平面DCGH

❷ (1) ウ　(2) ア　(3) イ
(4) オ

❸ (1) エ　(2) ウ　(3) オ
(4) イ

❹ (1) ① 250π cm³　② 150π cm²
(2) ① 400cm³　② 360cm²
(3) ① 288π cm³　② 144π cm²

解き方

❶ (1) ABとDCは長方形ABCDの向かい合う辺だから、平行である。同じように考えて、ABとEF、ABとHGはそれぞれ平行である。

(2) 長方形の角だから、∠BAD＝90°より、ABとADは垂直に交わる。また、∠BAE＝90°より、

ABとAEは垂直に交わる。同じように考えて、ABとBC、ABとBFはそれぞれ垂直に交わる。

(3) 直線ABと平行でなく、交わらない直線を答える。

(4) 長方形ABFEと長方形DCGHは向かい合う面だから、平行である。長方形DCGH上の辺をふくむ直線を答える。

(6) 直方体の側面は底面である長方形ABCDと垂直であるから、側面の辺をふくむ直線を答える。

④ (1) ① $\pi \times 5^2 \times 10 = 250\pi \,(\mathrm{cm}^3)$
　　② $10 \times (2\pi \times 5) + \pi \times 5^2 \times 2 = 150\pi \,(\mathrm{cm}^2)$

(2) ① $\dfrac{1}{3} \times (10 \times 10) \times 12 = 400 \,(\mathrm{cm}^3)$
　　② $\left(\dfrac{1}{2} \times 10 \times 13\right) \times 4 + 10 \times 10 = 360 \,(\mathrm{cm}^2)$

(3) ① $\dfrac{4}{3}\pi \times 6^3 = 288\pi \,(\mathrm{cm}^3)$
　　② $4\pi \times 6^2 = 144\pi \,(\mathrm{cm}^2)$

7章　データの活用

79 データの分布①

① (1) 5cm

(2) 155cm以上160cm未満

(3) ① 16　② 20

(4)
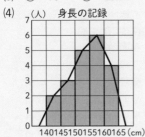
身長の記録

解き方

① (1) 身長を5cmごとに区切って整理されている。この5cmが階級の幅である。

(2) それぞれの階級に属している資料の個数が最も多い階級を答える。

(3) ① 150cm以上155cm未満の生徒の累積度数は10人だから、10＋6＝16(人)
② 155cm以上160cm未満の生徒の累積度数は16人だから、16＋4＝20(人)

(4) 度数折れ線は、ヒストグラムで、それぞれの長方形の上の辺の中点を順に結んでつなげばよい。左端と右端の階級は度数を0としてつくる。

80 データの分布②

① (1) ① 0.25　② 0.15
　　③ 0.05

(2) ④ 0.80　⑤ 0.95
　　⑥ 1.00

解き方

① (1) ① $\dfrac{10}{40} = 0.25$　② $\dfrac{6}{40} = 0.15$

③ $\dfrac{2}{40} = 0.05$

(2) ④ 15m以上20m未満の生徒の累積相対度数は0.55だから、0.55＋0.25＝0.80

⑤ 20m以上25m未満の生徒の累積相対度数は0.80だから、0.80＋0.15＝0.95

⑥ 25m以上30m未満の生徒の累積相対度数は0.95だから、0.95＋0.05＝1.00

81 データの分布③

① (1) 9点

(2) 平均値…14.2点、中央値…13.5点、最頻値…13点

② (1) ① 12.5点　② 17.5点

(2) 12.5点

解き方

① (1) 得点の低い順にデータを並べると、
10、12、13、13、13、14、15、15、18、19
得点の最大の値が19点、得点の最小の値が10点だから、得点の範囲は、19－10＝9(点)

(2) 生徒10人の得点のデータの値の合計を求めると、142点だから、平均値は、$\dfrac{142}{10} = 14.2$(点)

中央値は、得点の低いほうから数えて5番目と6番目のデータの値の平均値で、$\dfrac{13+14}{2} = 13.5$(点)

最頻値は、最も多く出てくるデータの値で、13点

② (1) ① $\dfrac{10+15}{2} = 12.5$(点)

② $\dfrac{15+20}{2} = 17.5$(点)

(2) 度数分布表では、度数の最も大きい階級の階級値が最頻値になる。度数の最も大きい階級は、10点以上15点未満の階級だから、求める最頻値は、$\dfrac{10+15}{2} = 12.5$(点)

❶ (1) 表…0.41、裏…0.59 　　(2) 裏
　　(3) 0.39 　　(4) 約390回

解き方

❶ (1)(2) 表…$\frac{82}{200}=0.41$、裏…$\frac{118}{200}=0.59$

相対度数を比べたとき、表より裏のほうが大きいので、裏が出るほうが起こりやすいと考えられる。

(3) 600回投げたときの表が出る相対度数は、

$\frac{236}{400}=0.393\cdots$、800回投げたときの表が出る

相対度数は、$\frac{313}{800}=0.39125$だから、表が出る

相対度数は0.39に近づくと考えられる。

(4) 1000×0.39＝390より、約390回

---

❶ (1) 21kg
　　(2) 平均値…33.9kg、中央値…34.5kg、
　　　　最頻値…36kg
❷ (1) 0.54 　　(2) 裏 　　(3) 約810回
❸ (1) 0.5秒
　　(2) ① 24 　　②34 　　③ 0.20
　　　　④ 0.25 　　⑤ 0.05
　　　　⑥ 0.60 　　⑦ 0.85
　　　　⑧ 0.95
　　(3) 8.25秒
　　(4)(5)

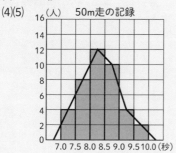

解き方

❶ (1) 握力のデータの最大の値は44kg、最小の値は23kgだから、範囲は、44－23＝21(kg)

(2) 握力の小さい順にデータを並べると、

23、24、25、27、29、30、32、32、33、34、
35、36、36、36、37、38、41、43、43、44
男子20人の握力のデータの値の合計を求めると、678kgだから、平均値は、$\frac{678}{20}=33.9$(kg)

中央値は、握力の小さいほうから数えて10番目と11番目のデータの値の平均値を求めて、

$\frac{34+35}{2}=34.5$(kg)

最頻値は、最も多く出てくるデータの値で、36kg

❷ (1) 800回投げたときの裏が出る相対度数は、

$\frac{435}{800}=0.54375$、1000回投げたときの裏が出る

相対度数は、$\frac{541}{1000}=0.541$だから、裏が出る相

対度数は0.54に近づくと考えられる。

(2) 1000回投げたときの表が出る相対度数は、

$\frac{1000-541}{1000}=\frac{459}{1000}=0.459$より、0.46である。

相対度数を比べたとき、表より裏のほうが大きいので、裏が出るほうが起こりやすいと考えられる。

(3) 1500×0.54＝810より、約810回

❸ (1) 50m走の記録を0.5秒ごとに区切って整理されている。この0.5秒が階級の幅である。

(2) ① 7.5秒以上8.0秒未満の生徒の累積度数は12人だから、12＋12＝24(人)

　　② 8.0秒以上8.5秒未満の生徒の累積度数は24人だから、24＋10＝34(人)

　　③ $\frac{8}{40}=0.20$ 　　④ $\frac{10}{40}=0.25$

　　⑤ $\frac{2}{40}=0.05$

　　⑥ 7.5秒以上8.0秒未満の生徒の累積相対度数は0.30だから、0.30＋0.30＝0.60

　　⑦ 8.0秒以上8.5秒未満の生徒の累積相対度数は0.60だから、0.60＋0.25＝0.85

　　⑧ 8.5秒以上9.0秒未満の生徒の累積相対度数は0.85だから、0.85＋0.10＝0.95

(4) 階級の幅を底辺、度数を高さとする長方形をすきまなく並べたグラフをかく。

(5) 度数折れ線は、ヒストグラムで、それぞれの長方形の上の辺の中点を順に結んでつなげばよい。左端と右端の階級は度数を0としてつくる。

❶ (1) -42　　(2) -5　　(3) 3

　(4) $\dfrac{6}{5}$

❷ (1) 1　　(2) 33　　(3) -9

　(4) 21

❸ (1) $y=6x$　　(2) $y=-\dfrac{15}{x}$

❹ (1)

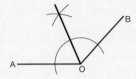

　(2)

❺ (1) $96\pi\,\text{cm}^3$　　(2) $96\pi\,\text{cm}^2$

❻ 子ども…18人、チョコレート…78個

❼ (1) 17.5分　　(2) 0.85

解き方

❺ (1) $\dfrac{1}{3}\pi\times6^2\times8=96\pi\,(\text{cm}^3)$

　(2) 側面の展開図のおうぎ形の中心角は、

　　$360°\times\dfrac{2\pi\times6}{2\pi\times10}=216°$

　　側面積は、$\pi\times10^2\times\dfrac{216}{360}=60\pi\,(\text{cm}^2)$

　　底面積は、$\pi\times6^2=36\pi\,(\text{cm}^2)$
　　よって、求める表面積は、
　　$60\pi+36\pi=96\pi\,(\text{cm}^2)$

❻ 子どもの人数をx人とすると、方程式は、
　$5x-12=4x+6$　　これを解くと、$x=18$
　これは問題にあっている。
　よって、子どもの人数は18人
　チョコレートの数は、$5\times18-12=78$(個)

❼ (1) $\dfrac{15+20}{2}=17.5$(分)

　(2) $\dfrac{2+3+4+8}{20}=0.85$

❶ (1) 11　　(2) 10　　(3) $\dfrac{14}{5}$

　(4) -17

❷ (1) $9a-8$　　(2) $-2x+11$

　(3) $17x-20$　　(4) $\dfrac{a-13}{10}$

❸ (1) $x=3$　　(2) $x=-2$

　(3) $x=-5$　　(4) $x=9$

❹ (1) $y=\dfrac{3}{4}x$　　(2) $y=-\dfrac{6}{x}$

❺ (1) 辺AB、辺BC、辺DE、辺EF
　(2) 辺AC、辺BC、辺CF

❻ 体積…$36\pi\,\text{cm}^3$、表面積…$36\pi\,\text{cm}^2$

❼ (1) 0.51　　(2) 表

解き方

❻ 体積は、$\dfrac{4}{3}\pi\times3^3=36\pi\,(\text{cm}^3)$

　表面積は、$4\pi\times3^2=36\pi\,(\text{cm}^2)$

❼ (1) 300回投げたときの表が出る相対度数は、

　　$\dfrac{154}{300}=0.513\cdots$、400回投げたときの表が出る

　　相対度数は、$\dfrac{205}{400}=0.5125$だから、表が出る相

　　対度数は0.51に近づくと考えられる。

　(2) 400回投げたときの裏が出る相対度数は、

　　$\dfrac{400-205}{400}=\dfrac{195}{400}=0.4875$より、約0.49である。

　　相対度数を比べたとき、裏より表のほうが大き
　　いので、表が出るほうが起こりやすいと考えら
　　れる。